NC102、NC297、NC71、NC196、KRK26烤烟品种特性及配套生产技术

NC102、NC297、NC71、
NC196、KRK26 KAOYAN PINZHONG
TEXING JI PEITAO SHENGCHAN JISHU

周绍松 周敏 刘浩 杨景华 主编

中国农业出版社
北 京

编 写 委 员 会

前言

FOREWORD

  烟草（*Nicotiana tabacum* L.）是世界上广泛种植的重要农作物之一，我国是世界上最大的烟草生产国和消费国。我国烟草种质资源丰富，类型多样，目前已编目保存的各类烟草种质资源共 4 042 份；但是多年来烤烟育种中使用的主体亲本多集中在少数种质上，导致我国烤烟育种和生产所用种质的性状遗传变异背景不丰富、性状趋同、遗传基础日趋狭窄。目前，主栽品种 K326、云烟 85、云烟 87、云烟 97、红花大金元等之间的遗传相似性较高。因此，加快优质烟草种质创新和引进，拓宽烟草遗传基础，对我国烟草生产意义重大。2005—2010 年云南中烟工业有限责任公司、红云红河集团、玉溪中烟种子公司、云南省烟草农业科学研究院和中国烟草育种研究（南方）中心从美国和津巴布韦陆续引进了 NC102、NC297、NC71、NC196 和 KRK26 五个优质烤烟品种。

  NC102 品种是美国 F. W. Rickard 种子公司登记注册的 F1 代杂交种。2001 年通过美国区域最低标准程序试验，2002—2004 年通过北卡罗来纳州官方品种试验，2004 年由北卡罗来纳州官方推荐试种。2005 年由云南中烟工业有限责任公司从美国引进。NC102 品种于 2008 年通过中国烟草总公司郑州烟草研究院的工业评价，2010 年通过全国烟草品种审定委员会主持的农业评审，2013 年通过全国烟草品种审定委员会主持的新品种鉴定和审定。NC102 品种高抗黑胫病，抗烟草花叶病毒病、马铃薯 Y 病毒病、烟草蚀纹病毒病，低抗青枯病，中感赤星病和根结线虫病。NC102 品种烘烤特性与 K326 相当，变黄与失水速度协调，易烤性、耐烤性好。NC102 香气质好量足、杂气轻、刺激性小、余味舒适，感官质量整体优于对照 K326、云烟 87。2006—2013年，云南中烟有限责任公司在昆明、曲靖、红河、大理、玉溪、楚雄、昭通 7 市（州）23 县种植 NC102 品种 2.07 万 hm²。

NC297 是 1998 年由美国金叶种子公司育成的杂交 F1 代品种，2000 年通过北卡罗来纳州官方品种试验，2001 年由北卡罗来纳州官方推荐试种。2005 年由云南中烟工业有限责任公司从美国引进。NC297品种抗黑胫病、烟草花叶病毒病、青枯病和根结线虫病，中感赤星病。NC297 品种易烘烤，变黄与脱水速度较协调，容易变黄和定色，烤后烟叶黄烟率高。NC297 烟叶烟气表现为清香型，上部烟叶香气质好量足、杂气轻，感官质量优于对照 K326；中部烟叶样品香气质相对略差、杂气略重、刺激性略大，感官质量低于对照 K326。2007—2013年，云南中烟工业有限责任公司在云南省昆明、曲靖、红河、文山、保山、普洱、玉溪、楚雄、大理、昭通 10 市（州）55 县种植 NC297品种 7.75 万 hm²。

NC71 是美国北卡罗来纳州立大学培育的含 *Ph* 基因的高产优质烤烟杂交种，2005—2009 年占北卡罗来纳州烤烟种植面积的 19%～23%。2010 年由云南省烟草农业科学研究院和中国烟草育种研究（南方）中心从美国烟草集团旗下的布菲金种子公司引进，并进行小面积种植。2012 年，该品种通过全国烟草品种审定委员会审定。NC71 产量高，香气质较好，香气量较足；抗黑胫病、南方根结线虫病，中抗青枯病，感烟草花叶病毒病；适应性较广，易烘烤，该品种烟叶香气特征以清甜为主，带焦甜、烤甜香，清香特征显著，香气透发流畅、饱满厚实，质感细腻柔绵，甜香及丰富性较好，刺激性较小，杂气较轻，口感较干净舒适。该品种 2011 年在云南省示范种植达 1 667hm²，2012年全国示范种植约 5 667hm²。

NC196 是美国培育的雄性不育烤烟杂交种，2013—2015 年，其种植面积占北卡罗来纳州烤烟总面积的 50% 左右，已经成为美国第一大烤烟种植品种。2009 年由云南省烟草农业科学研究院、红云红河集团、玉溪中烟种子公司从美国金叶种子公司引进。2012—2013 年参加烟草引进品种全国对比试验，2014 年参加全国生产试验，并在云南省部分烟区进行小面积生产示范，同年通过全国烟草品种审定委员会农业评审。原烟烟叶外观质量档次中等偏上，感官质量与对照品种 K326 相当。NC196 抗黑胫病，中抗烟草花叶病毒病和青枯病，中感赤星病、根结线虫病，感马铃薯 Y 病毒病。NC196 在烘烤过程中变黄、失水速度协调，可以参照 K326 烘烤工艺和技术进行烘烤。

KRK26 品种是津巴布韦烟草研究院利用 RW（抗角斑病 1 号小种和根结线虫病的抗病新品系）和 MSK326 杂交选育的雄性不育杂交种，是目前津巴布韦烟叶生产中推广种植面积最大的主栽品种。KRK26 具有明显的清甜香和焦甜香，香气流畅，底蕴厚实，其综合表现甚至超过了该品种在津巴布韦当地种植的各性状表现，可与美国、巴西优质烟叶媲美，烟叶品质达到国际一流水平。KRK26 品种于 2010 年通过云南省级审定。KRK26 品种中抗南方根结线虫病，中感赤星病，感黑胫病、烟草花叶病毒病。KRK26 品种中部和下部烟叶失水、变黄速度稍慢于 K326 品种，明显慢于云烟 85、云烟 87 等品种；全身变黄的特征十分明显，并且下部烟叶的易烤性差，中部烟叶较易烘烤；上部成熟好的烟叶失水、变黄速度中等，但明显比 K326、云烟 85、云烟 87 等品种慢。

在此特别感谢红云红河烟草（集团）有限责任公司、云南中烟工业有限责任公司、云南省烟草公司昆明市公司、云南省烟草公司曲靖市公司、云南省烟草公司红河州公司、云南省烟草公司德宏州公司等单位对本书成果形成给予的帮助和支持。感谢云南省农业科学院农业环境资源研究所植物营养与肥料研发研究创新团队及合作单位各位同仁的辛勤付出。

　　本书内容涵盖了 NC102、NC297、NC71、NC196、KRK26 品种的农业生产技术、工业应用技术的研究成果，是工商研合作的结晶，可供烟草农业部门生产技术推广人员、卷烟企业烟叶原料开发部门的技术人员，以及从事烟草科学研究的人员阅读和参考。

　　由于编者水平有限，书中疏漏之处在所难免，敬请读者批评指正。

编　者

2023 年 5 月

目 录
CONTENTS

前言

第一章 🌿

NC102 烤烟品种

一、引育过程

NC102 品种是美国 F. W. Rickard 种子公司登记注册的 F1 代杂交种（父本为 LotN01 - 20；母本为 Lot652×653）。2001 年通过美国区域最低标准程序试验，2002—2004 年通过北卡罗来纳州官方品种试验，2004 年由北卡罗来纳州官方推荐试种。2005 年 9 月，云南中烟工业有限责任公司组织集团烟叶卷烟工艺专家对美国北卡罗来纳州立大学和美国金叶种子公司就美国育种现状进行了综合考察，经北卡罗来纳州立大学 Dr. Long、Dr. Smith 等教授推荐，考察团与美国金叶种子公司进行了交流，最终引进了该优质烟草杂交种。NC102 品种于 2008 年 9 月 1 日通过中国烟草总公司郑州烟草研究院的工业评价，2010 年 8 月 7 日通过全国烟草品种审定委员会主持的农业评审，2013 年 12 月 3 日通过全国烟草品种审定委员会主持的新品种鉴定和审定。

二、在原产地的性状

NC102 品种 2001 年通过美国区域最低标准程序试验，即其主要内在化学成分超过工业的最低标准要求，并通过菲利普莫里斯国际公司等 5 家卷烟大企业评吸鉴定。2002—2004 年通过北卡罗来纳州官方品种试验，2004 年由北卡罗来纳州官方推荐试种。该品种高抗黑胫病（0 号小种），低抗青枯病，抗 TMV、PVY、TEV 3 种病毒病。2004 年在美国 4 个不同区域进行的北卡罗来纳州官方品种试验表明，其平均产量为 3 420kg/hm²，与 K326 相当，均价 3.83 美元/kg，易烘烤，等级指数 72，移栽至开花时间为 60d，有效留叶数 18.9，株高 106.7cm，节距 5.68cm，还原糖 18.42%，烟碱 2.16%，糖碱比 9.09。

三、推广种植及在卷烟工业中的应用

目前 NC102（图 1-1）仅在云南种植，在云南高端产品配方中应用，主要应用在云烟、红河高端产品中，工、农业均认可该品种。NC102 感根结线虫病（要重点防治此病），高抗黑胫病，低抗青枯病。

图 1-1　NC102 品种大田生产

2006—2013 年，云南中烟有限责任公司在昆明、曲靖、红河、大理、玉溪、楚雄、昭通 7 市（州）23 县种植 NC102 品种 2.07 万 hm²。

四、NC102 品种特征

（一）生物学及农业特性

1. 生物学特性

NC102 品种（图 1-2）田间整齐度好，生长势强，株式塔型，叶色绿，茎叶角度中等，叶形长椭圆，叶面较皱，叶耳中，叶尖渐尖，叶缘波浪状，主脉粗细中等，叶片厚薄适中，花序集中，花冠粉红色。自然株高130～140cm，打顶株高 100～115cm，自然叶数 25～27，有效叶数 21～23，茎围 9.5cm，节距 4.0cm，腰叶长 68.6cm，腰叶宽 27.3cm，移栽至中心花开放期 60d 左右，大田生育期 115～120d。

图 1-2　NC102 品种生物学性状

2. 抗病性

NC102 品种是国内栽培的烤烟品种中抗病毒病能力最强的品种。NC102 品种高抗黑胫病，抗烟草花叶病毒（TMV）病、马铃薯 Y 病毒（PVY）病、烟草蚀纹病毒（TEV）病，低抗青枯病。中感赤星病和根结线虫病。

3. 抗旱性

有研究表明，NC102 品种的抗旱性较强，优于 K326 品种（郑传刚等，2013）。

4. 经济性状

NC102 品种平均产量为 2 100～2 400kg/hm²，上等烟比例 58％左右，上中等烟比例 93％左右。

（二）栽培技术要点

NC102 品种在中等肥力土壤施纯氮 97.5kg/hm²，N∶P₂O₅∶K₂O＝

1：（1～2）：3，现蕾期叶片喷施 2～3 次 K_2SO_4，以补充钾肥；行株距 120cm×60cm；现蕾期打顶，单株留有效叶数 22。

（三）烘烤技术要点及特性

NC102 品种烘烤特性与 K326 相当，变黄与失水速度协调，易烤性、耐烤性好。分层落黄好，要坚持下部叶适熟采收，中部叶成熟采收，上部 4～6 叶充分成熟采收。

一般变黄期干球温度 32～42℃，时间 50～60h；定色期干球温度43～55℃，时间 30～40h；干筋期干球温度 56～66℃（最高不超过 68℃），时间 25～30h。顶叶各烘烤阶段可以适当延长烘烤时间，注意升温不要过急，不要掉温。

五、NC102 品种烟叶品质及风格特征

（一）外观质量特征

原烟成熟度好，颜色橘黄，光泽强，结构疏松，身份适中，油分较足。烟叶颜色多呈金黄至深黄，属橘黄色域，个别烟叶微带青或红棕；成熟度多为成熟，部分烟叶尚熟；中部烟叶叶片结构多为疏松，个别叶片尚疏松，上部烟叶尚疏松至疏松；中部烟叶身份一般中等，上部烟叶中等至稍厚；油分以"少"为主，少量烟叶油分达到"多"；色度一般中至强，与对照 K326 相比，烟叶颜色基本相同，综合外观各项指标，NC102 的外观质量与对照 K326 基本相当。

（二）物理特征

中部叶单叶质量 11.2～13.8g、平衡含水率 13.32%～14.16%、填充值 4.11～4.31cm³/g、含梗率 32.75%～34.27%、出丝率 94.57%～96.74%；上部烟叶单叶质量 9.5～10.8g、平衡含水率 13.22%～13.68%、填充值 4.00～4.08cm³/g、含梗率 32.02%～34.25%、出丝率 94.57%～95.37%。综合各项物理特性指标，NC102 的物理特性比对照 K326 稍差。

（三）化学品质特征

化学成分含量适中，比例协调。总糖 25.74%～27.81%，还原糖 20.89%～22.54%，烟碱 2.30%～2.59%，总氮 1.71%～1.89%，蛋白质 8.19%～9.03%，钾 1.35%～2.15%。综合各项化学成分指标，NC102 品种略优于对照 K326。

（四）感官质量特征

烟叶烟气属清香型，香气质中等至较好，香气量尚足至有，烟气浓度中等至较浓，杂气有至较轻，劲头中等，刺激性有，余味尚适至较舒适。与对照 K326 或云烟 87 相比，NC102 香气质好量足、杂气轻、刺激性小、余味舒适，感官质量整体优于对照 K326 或云烟 87。

1. 上部烟叶

香气特征：清香有甜韵，略带焦甜香、焦香，香气特征与烟草本香匹配较好，底蕴较厚实。

品质：香气质感清新、自然、明亮，香气细腻、优雅、明快，香气丰富性较好，透发性较好，香气量较足，烟气较饱满，甜度较好，绵延性较好，成团性较好，柔和性较好，浓度较浓，劲头中至中偏强，杂气略有，刺激略有，余味较净较适，回味生津，有成熟的烟草气息。

2. 中部烟叶

香气特征：清香有甜韵，略带果香、花香，香气特征与烟草本香匹配较好，底蕴厚实。

品质：香气质感清新、自然、明亮，香气细腻、优雅、明快，香气丰富性较好，透发性较好，香气量中等至较足，烟气较饱满，甜度好，绵延性较好，成团性较好，柔和性较好，浓度较浓，劲头适中，杂气略有，刺激略有，余味较净较适，回味生津，略带成熟的烟草气息。

3. 下部烟叶

香气特征：清香，香气特征与烟草本香匹配尚好，底蕴尚厚实。

品质：香气质感清新、自然，香气细腻、明快，香气丰富性尚好，透发性尚好，香气量尚足，烟气尚饱满，甜度尚好至较好，绵延性尚好，成团性尚好，柔和性较好，浓度尚浓，劲头中至适中，杂气有，刺激略有，余味尚净较适，回味略显平淡。

（五）致香物质特征

NC102 品种烟叶具有甜韵特点的酮类致香物质含量最高，这可能是 NC102 品种清甜香风格突出的物质基础之一。酮类致香成分是烟叶致香物质中非常重要的一类致香成分，很多分析研究结论表明：酮类致香成分含量与烟叶优良的感官品质表现呈现较好的相关性，主要对烟叶香气的品质、风格特征、细腻性、甜韵等有较大的影响。

酮类致香成分是烟叶致香物质中非常重要的一类致香成分，很多分析研究结论表明：酮类致香成分含量与烟叶优良的感官品质表现呈现较好的相关性，主要对烟叶香气的品质、风格特征、细腻性、甜韵等有较大影响。

由表 1-1 可看出，具有甜韵特点的酮类致香成分含量高低顺序：NC102＞NC297＞K326＞NC72＞NC55＞GL26H＞NC71＞GL350。

表 1-1　美引品种烟叶的酮类致香物质含量表

分类统计项目	酮类总含量	具有烟草本香的酮类含量（$\mu g/g$）	具有烟草本香的酮类所占比例（%）	具有清香的酮类含量（$\mu g/g$）	具有清香的酮类所占比例（%）	具有甜韵的酮类含量（$\mu g/g$）	具有甜韵的酮类所占比例（%）
NC102	36.2	19.6	54.1	7.1	19.6	14.7	40.6
NC297	35.0	17.2	49.1	7.0	20.0	14.0	40.0
NC55	35.6	18.9	53.1	6.3	17.7	13.2	37.1
GL26H	32.6	18.9	58.0	4.8	14.7	11.6	35.6
GL350	35.7	22.4	62.7	5.2	14.6	11.7	32.8
NC71	42.9	25.1	58.5	6.2	14.5	15.1	35.2
NC72	49.9	27.3	54.7	8.4	16.8	18.5	37.1
K326	35.1	18.2	51.9	6.5	18.5	13.6	38.7

NC102 品种烟叶酮类致香物质剖析结果表明：NC102 品种烟叶具有甜韵特点的酮类致香物质含量高。

由表 1-2 可看出，NC102 品种烟叶脱氢 β-紫罗兰酮、苯甲醛最高，β-大马酮含量仅次于 KRK28 和 KRK26，居第 3 位。不同烤烟品种中性致香物质总量由高到低为 KRK28＞NC72＞NC71＞KRK26＞NC102＞

NC297＞CC402＞NC 89＞中烟 100，NC102 品种烟叶中性致香物质总量中等（顾少龙等，2011）。

由表 1-3 可看出，在中性致香物质成分中，类胡萝卜素降解产物较丰富，其中巨豆三烯酮是叶黄素的降解产物，对烟叶的香味有重要贡献，也是国外优质烟叶的显著特征（周冀衡等，2004；史宏志等，2009）。不同烤烟品种巨豆三烯酮总量由高到低为 KRK 28＞NC 297＞NC 72＞NC 89＞NC 71＞KRK 26＞NC 102＞CC 402＞中烟 100，NC 102 品种烟叶巨豆三烯酮总量较低，说明 NC 102 品种烟叶香味较淡。

叶绿素降解产物新植二烯是含量最高的成分，不同烤烟品种叶片中性致香物质总量的差异主要是新植二烯含量不同造成的。不同烤烟品种新植二烯含量由高到低为 KRK 28＞NC 72＞NC 71＞KRK 26＞NC 102＞CC 402＞NC 297＞NC 89＞中烟 100，NC 102 品种烟叶新植二烯含量中等。但新植二烯香气阈值较高，本身只具有微弱香气，在调制和陈化过程中可进一步降解转化为其他低分子成分（史宏志，1998）。

表 1-2　不同烤烟品种 C3F 等级烟叶中性致香物质含量（$\mu g/g$）

	中性致香物质	NC297	NC102	KRK26	KRK28	NC71	NC72	CC402	NC89	中烟100
	β-大马酮	20.60	22.19	25.17	25.62	20.99	21.12	21.91	21.50	19.81
	香叶基丙酮	11.15	9.84	8.04	11.82	6.39	12.80	1.16	10.70	4.80
	二氢猕猴桃内酯	1.81	1.65	1.90	1.76	1.45	1.32	1.46	1.62	1.38
	脱氢β-紫罗兰酮	0.22	0.24	0.15	0.16	0.13	0.13	0.16	0.22	0.19
类胡萝卜素类	巨豆三烯酮1	0.29	0.28	0.21	0.29	0.22	0.22	0.25	0.34	0.12
	巨豆三烯酮2	0.30	0.25	0.35	0.42	0.28	0.43	0.31	0.27	0.25
	巨豆三烯酮3	0.97	0.91	0.77	0.99	0.92	1.05	0.59	1.04	0.27
	3-羟基-β-二氢大马酮	1.25	0.90	1.05	1.32	1.16	1.09	0.97	1.04	0.40

（续）

中性致香物质		NC297	NC102	KRK26	KRK28	NC71	NC72	CC402	NC89	中烟100
类胡萝卜素类	巨豆三烯酮 4	1.48	0.73	1.30	2.35	1.28	1.31	0.84	1.13	0.45
	螺岩兰草酮	8.05	5.45	5.45	9.95	9.61	8.76	4.59	7.26	1.95
	法尼基丙酮	8.57	7.75	9.36	15.86	10.42	10.17	6.83	8.73	3.57
	6-甲基-5-庚烯-2-酮	2.75	2.09	1.71	3.52	2.71	2.28	0.95	2.00	0.41
	6-甲基-5-庚烯-2-醇	0.55	0.47	0.55	0.77	0.48	0.48	0.32	0.45	0.31
	芳樟醇	1.60	1.53	1.87	4.35	1.56	1.74	1.32	1.80	1.59
	氧化异佛尔酮	0.19	0.18	0.07	0.19	0.15	0.25	0.26	0.24	0.16
棕色化产物类	糠醛	18.60	17.86	13.87	21.86	16.15	19.61	15.62	18.68	9.45
	糠醇	1.85	1.09	1.68	6.65	2.15	2.01	1.13	3.23	0.36
	2-乙酰基呋喃	0.60	0.54	0.46	0.38	0.56	0.53	0.47	0.62	0.31
	5-甲基-2-糠醛	0.74	0.76	0.63	1.22	0.44	0.55	0.39	0.44	0.33
	3,4-二甲基-2,5-呋喃二酮	4.60	5.45	3.62	6.47	4.32	3.45	2.01	3.23	1.69
	2-乙酰基吡咯	0.36	0.23	0.26	0.57	0.49	0.40	0.25	0.27	0.13
苯丙氨酸裂解产物类	苯甲醛	1.60	1.79	0.99	1.68	1.69	1.42	1.29	1.29	0.64
	苯甲醇	8.21	5.45	4.78	23.64	8.75	13.14	5.43	6.41	1.38
	苯乙醛	0.63	0.37	0.39	0.92	0.76	0.79	0.46	0.55	0.11
	苯乙醇	2.02	1.57	2.07	13.33	2.23	3.33	1.28	1.66	0.31
类西柏烷类	4-乙烯-2-甲氧基苯酚	0.11	0.12	0.12	0.15	0.17	0.14	0.30	0.16	0.27
	茄酮	151.36	124.31	108.78	133.90	127.83	125.99	79.69	108.79	59.04
新植二烯	新植二烯	713.23	756.80	825.02	1 280.00	874.47	893.14	752.38	658.96	465.62
	总量	963.70	970.80	1 020.62	1 570.14	1 097.76	1 127.65	902.60	862.63	575.30

表1-3　不同烤烟品种 C3F 等级烟叶中性致香物质分类分析（µg/g）

品种	类胡萝卜素类	巨豆三烯酮	棕色化产物类	苯丙氨酸裂解产物类	类西柏烷类	新植二烯
NC297	59.78	3.04	26.75	12.46	151.47	713.23
NC102	54.47	2.17	25.92	9.17	124.43	756.80
KRK26	57.93	2.63	20.52	8.24	108.90	825.02
KRK28	79.36	4.05	37.16	39.56	134.05	1 280.00
NC71	57.75	2.70	24.11	13.43	128.00	874.47
NC72	63.15	3.01	26.54	18.67	126.13	893.14
CC402	41.91	1.99	19.85	8.46	79.99	752.38
NC89	58.35	2.78	26.47	9.92	108.95	658.96
中烟100	35.66	1.09	12.27	2.44	59.31	465.62

六、NC102 品种烟叶的配方功能验证试验

NC102 是从美国引进的烤烟品种，通过品比、区试及生产示范及配套栽培烘烤技术试验，我国已初步掌握了 NC102 的农艺性状和栽培调制技术等，现对 NC102 的工业配方验证就是从云南产卷烟品牌需求的角度来解决 NC102 品种烟叶的工业应用问题。

（一）NC102 品种烟叶的卷烟配方验证试验

1. 卷烟现行产品配方替换验证

将 NC102 品种烟叶分别替换云烟某高端牌号产品叶组配方中的其他品种烟叶，通过感观评吸判断产品感观品质的变化情况，从而验证 NC102 品种烟叶的配方应用效果。配方试验以云烟某高端牌号产品叶组原配方为 0♯（对照），以加入不同比例的 NC102 品种烟叶的叶组配方为试验 1♯ 和 2♯。配方设计见表1-4。

表1-4　NC102 品种烟叶在云烟某高端牌号中同等级等量替换试验比例（%）

烟叶模块	年限	产地	品种	等级	试验编号		
					0♯对照样	1♯试验样	2♯试验样
主料烟叶模块	2008	进口烟叶	无	YM1F	10	10	10

(续)

烟叶模块	年限	产地	品种	等级	试验编号		
					0#对照样	1#试验样	2#试验样
主料烟叶模块	2006	云南	红花大金元	B2F	2.5	0	2.5
	2006	云南	NC102	BCSF	0	2.5	5
	2006	云南	K326	B1L	5	5	0
	2005	云南	K326	C2F	5	5	5
	2005	云南	K326	C1L	5	5	5
			小计		27.5	27.5	27.5
次主料烟叶模块	2006	云南	云87	C3F	5	5	5
	2005	云南	红花大金元	C3F	10	10	10
	2005	云南	红花大金元	CSL	5	5	5
	2006	云南	红花大金元	CSL	5	5	5
	2006	云南	红花大金元	C4F	10	10	10
	2006	云南	红花大金元	C4FL	7.5	7.5	7.5
			小计		42.5	42.5	42.5
调节型烟叶模块	2005	云南	云87	C3L	5	5	5
	2005	云南	K326	C3L	5	5	5
	2006	云南	云87	MZL	7.5	7.5	7.5
	2006	云南	NC102	BCZF	0	0	5
	2004	云南	K326	X2F	5	5	5
	2006	云南	红花大金元	XZF	7.5	7.5	7.5
			小计		30	30	35
			合计		100	100	105

（1）评吸结果描述如下。

①0#对照样：香气以清甜香为主，略带焦甜香、焦香、果香和花香，香气丰富性较好，各香气韵调组合自然、优美，烟草本香充足、自然、纯净，香气爆发力度较强，香气量较足，烟气较细腻，甜度、绵延性、成团性、柔和性较好，浓度较浓，杂气略有，刺激略有，余味较净较适，劲头适中。

②1#试验样：香气以清甜香为主，清香突出，略带焦甜香、焦香、果香和花香，甜度较强，香气丰富性较好，香气韵调组合平衡，香气爆发力度较强，香气量较足，烟气较细腻，甜度、绵延性、成团性、柔和性较好，浓度较浓，杂气略有，刺激略有，余味较净较适，劲头适中。

③2#试验样：香气以清甜香为主，清香突出，略带焦甜香、焦香、果香和花香，甜度较强，香气丰富性较好，香气韵调组合较平衡，香气爆

发力度、香气量偏弱，烟气较细腻，甜度、绵延性、成团性、柔和性较好，浓度较浓，杂气略有，刺激略有，余味较净较适，劲头适中。

（2）评吸结果。NC102 品种烟叶在云烟品牌高端产品中有较好的配方效果，综合评价为 1♯试验样＞ 0♯对照样＞ 2♯试验样。

2. 卷烟新产品配方设计验证

在高端云烟新产品配方设计过程中，开始考虑 NC102 烤烟品种烟叶的配方应用。本试验以 NC102 品种的上等烟叶构筑的烟叶模块作为应用对象，参与塑造云烟高端新产品的香气风格特征与感官品质。具体方法是：应用模块化设计（小叶组设计）思路，分别设计主料烟叶、进口烟叶、次主料烟叶及调节型烟叶 4 大模块，进行云烟高端新产品的配方设计，配方设计见表 1-5。

表 1-5　NC102 品种烟叶用于高端云烟新产品的配方设计试验比例（％）

烟叶模块	年限	产地	品种	等级	试验编号		
					新配方 1	新配方 2	新配方 3
主料烟叶模块	2006	云南	NC102	BCSF	0	2.5	5
	2005	云南	红花大金元	CSF	7.5	7.5	7.5
	2005	云南	红花大金元	C3F	7.5	7.5	7.5
	2000	云南	红花大金元	B1F	7.5	5	2.5
	小计				22.5	22.5	22.5
次主料烟叶模块	2004	云南	K326	C1L	5	5	5
	2004	云南	云 87	C2L	7.5	7.5	7.5
	2001	云南	红花大金元	C1L	2.5	2.5	2.5
	2005	云南	红花大金元	CSL	5	5	5
	2000	云南	无	C2L	2.5	2.5	2.5
	2003	云南	K326	CSL	2.5	2.5	2.5
	小计				25	25	25
进口烟叶模块	2006	进口烟叶	无	AJC120-S	2.5	2.5	2.5
	2003	进口烟叶	无	YM1E	22.5	22.5	22.5
	2005	进口烟叶	无	YM2F	2.5	2.5	2.5
	2007	进口烟叶	无	YM3A	5	5	5
	2004	进口烟叶	无	ZL1T	2.5	2.5	2.5
	小计				35	35	35

（续）

烟叶模块	年限	产地	品种	等级	试验编号		
					新配方 1	新配方 2	新配方 3
调节型烟叶模块	2006	云南	红花大金元	MZF	7.5	7.5	7.5
	2006	大理	红花大金元	MZL	7.5	7.5	7.5
	2005	省外模块	无	SM1	2.5	2.5	2.5
				小计	17.5	17.5	17.5
				合计	100	100	100

（1）评吸结果描述如下。

①新配方 1：香气爆发力度较好，清香、清甜香略欠，香气韵调组合平衡，丰富性较好，香气量较足，细腻度较好，甜度略欠，绵延性较好，成团性较好，柔和性较好，浓度适中，杂气略有，刺激有，余味干净舒适，劲头适中。

②新配方 2：香气爆发力度较好，清香、清甜香明显，香气韵调组合平衡，丰富性较好，香气量较足，细腻度较好，甜度较好，绵延性较好，成团性较好，柔和性较好，浓度适中，杂气略有，刺激有略有，余味干净舒适，劲头适中。

③新配方 3：香气爆发力度较好，清香、焦香明显，香气韵调组合平衡，丰富性较好，香气量较足，细腻度较好，甜度较好，绵延感较好，成团性较好，柔和性较好，浓度适中，杂气略有，刺激略有，余味干净舒适，劲头适中。

（2）评吸结果。NC102 品种烟叶在云烟品牌高端产品设计中对香气风格的塑造有较好的效果，同时在改善卷烟吸食舒适性上也有较好的表现。综合卷烟新产品配方的各项感官品质排序：新配方 2＞新配方 3＞新配方 1。

卷烟新产品配方设计验证试验表明，NC102 品种烟叶在卷烟配方中要适当控制应用比例，才能获得较好的配伍性，因此选择新配方 2 进行卷烟新产品设计。

综合上述卷烟现行产品配方替换验证及新产品配方设计验证试验，结果表明：在云烟品牌高端产品中加入 2.5%～5.0% 的 NC102 品种烟叶，有较好的配方效果，能有效凸显产品的清香型风格，增加产品的甜润感。

（二）NC102 品种烟叶的配方功能评价

NC102 品种烟叶清香型风格突出，甜韵感明显，可强化、巩固云烟品牌卷烟产品的清甜香香韵，达到凸显云烟品牌"清甜香"风格的目的。

配方作用：在配方中可强化、巩固云烟品牌产品的清甜香香韵。

工业可用性：香气质细腻、优雅、飘逸，甜润感强，特色鲜明独特。

七、NC102 品种烟叶在各品牌卷烟中的配方地位及作用

NC102 品种烟叶进入云烟高端产品和一类、二类、三类高中档产品配方中，具体应用各品种的烟叶部位及色组见表1-6。

表1-6　NC102 品种烟叶在"云烟系列"品牌产品中的应用比例（％）

烟叶组别	卷烟类别			
	高端	一类	二类	三类
NC102 上部上等橘黄色组烟叶	0	0	0	2.5
NC102 中部上等橘黄色组烟叶	2.5	0	2.5	2.5
NC102/NC297 下部烟叶	0	0	0	2.5
合计	2.5	0.0	2.5	7.5

由表1-6可见：

云烟高端产品：主要应用 NC102 品种上等烟叶进入配方，配方比例为 2.5％。NC102 品种用中部上等橘黄色组烟叶 2.5％；在配方中使用这两个品种烟叶后增加了产品的甜韵感和舒适性。

云烟一类烟：配方中未使用 NC102 上部和中部上等橘色黄色组烟叶、NC102/NC297 下部混打烟叶。

云烟二类烟：主要应用 NC102 品种上等烟叶进入配方，配方比例为 2.5％。NC102 品种用中部上等橘黄色组烟叶 2.5％。在配方中使 NC102 品种烟叶后增加了产品的香气底蕴和甜韵感。

云烟三类烟：主要应用 NC102 品种上等烟叶进入配方，配方比例为 7.5％。NC102 品种用上部上等和中部上等橘黄色组烟叶各 2.5％，NC102/NC297 下部混打烟叶 2.5％。在配方中使用 NC102 品种烟叶后增加了产品的香气底蕴和甜韵感。

八、NC102 品种适宜种植的生态环境及区域分布

（一）NC102 品种的生态适应性种植研究

为了更加准确地掌握 NC102 品种在不同纬度、不同海拔下的生态适应性，项目组在普查的基础上，又在纬度与海拔交汇的二维空间内设置试验点，开展了烤烟 NC102 品种生态适应性种植研究。

1. 试验设计

为清楚了解烤烟 NC102 品种的生态适应性，项目组在云南中烟原料基地内，分别设置了北纬 23°、24°、25°、26°、27° 5 个纬度点，在每个纬度点分别设置低（1 600m）、中（1 800m）、高（2 000m）3 个海拔段，共设 15 个纬度与海拔交汇的试验点（表 1-7），在每个试验点内同时分别安排两组 NC102 品种的区域适应性种植试验，每个试验种植 1 亩[①]。根据烤烟 NC102 品种的产量、产值及感官质量评价，筛选出它们的适宜种植区域。

表 1-7　NC102 品种在 5 个纬度带、3 个海拔段的生态适应性试验安排

纬度	市（州）	县区	试验点		
			海拔（1 600m）	海拔（1 800m）	海拔（2 000m）
23°	文山	马关	八寨乡马主村	八寨乡芦柴塘村	八寨乡小岩村
24°	红河	弥勒	西二乡矣维村	西二乡矣维村	西二乡矣维村
25°	昆明	宜良	北古城镇车田村	九乡甸尾村	九乡月照村
26°	曲靖	沾益	德泽乡左水冲村	德泽乡富冲村	德泽乡棠梨树村
27°	曲靖	会泽	迤车镇中河村	迤车镇五谷村	迤车镇五谷村

2. 结果分析

（1）不同纬度、不同海拔下 NC102 品种烟叶的产量和产值。由表 1-8

表 1-8　不同纬度不同海拔下 NC102 品种的烟叶产量和产值

纬度	产量（kg/hm²）			产值（元/hm²）		
	低海拔（1 600m）	中海拔（1 800m）	高海拔（2 000m）	低海拔（1 600m）	中海拔（1 800m）	高海拔（2 000m）
23°	2 175	2 160	2 145	60 900	60 480	60 060

---

① 亩非法定计量单位，1 亩＝1/15hm²。——编者注

（续）

纬度	产量（kg/hm²）			产值（元/hm²）		
	低海拔（1 600m）	中海拔（1 800m）	高海拔（2 000m）	低海拔（1 600m）	中海拔（1 800m）	高海拔（2 000m）
24°	2 250	2 235	2 220	63 000	62 580	62 160
25°	2 265	2 280	2 175	63 420	63 840	60 900
26°	2 265	2 280	2 220	63 420	63 840	62 160
27°	1 950	1 995	1 950	54 600	55 860	54 600

可以看出，NC102 品种的最适宜种植区域是北纬 23°~26°、海拔 1 600~2 000m 区域。

（2）不同纬度、不同海拔主栽品种烟叶的感官质量评价和工业可用性。项目组在北纬 23°、24°、25°、26°、27° 5 个纬度点上低（1 600m）、中（1 800m）、高（2 000m）3 个海拔段内，对 NC102 品种烟叶的感官质量评价和工业可用性进行研究，结果如下：

①不同纬度和不同海拔区域烟叶的感官质量评价。

表 1-9　不同纬度、不同海拔下各 NC102 品种烟叶的感官质量评价总分

纬度	海拔（m）	感官质量评价总分
23°	1 600	78.00
	1 800	79.25
	2 000	81.63
24°	1 600	77.75
	1 800	77.13
	2 000	77.00
25°	1 600	76.50
	1 800	78.67
	2 000	79.50
26°	1 600	75.75
	1 800	75.83
	2 000	76.00
27°	1 600	76.53
	1 800	76.62
	2 000	76.24

由表 1-9 可见，从 NC102 品种的感官质量评价总分来看：NC102 品种最适宜种植在北纬 23°～26°、海拔 1 600～2 000m 区域，该区域烟样的感官质量评价总分平均值为 77.75，高于北纬 27°、海拔 1 600～2 000m 区域烟样的感官质量评价总分平均值为 76.46。

②不同纬度和不同海拔区域烟叶的工业可用性。

表 1-10　不同纬度、不同海拔下 NC102 品种烟叶样品的工业可用性

纬度	海拔（m）	高端、一类、二类及三类烟样数量
23°	2 000	4
	1 800	4
	1 600	4
24°	2 000	4
	1 800	4
	1 600	4
25°	2 000	4
	1 800	3
	1 600	3
26°	2 000	3
	1 800	3
	1 600	4
27°	2 000	3
	1 800	0
	1 600	2

由表 1-10 可见，从不同纬度、不同海拔下 NC102 品种烟叶样品的工业可用性来看：NC102 品种的高端、一类、二类及三类烟样主要分布在北纬 23°～26°、海拔 1 600～2 000m 区域，占烟样总数（49 个）的 90.0%。

3. 结论

在同田种植情况下，NC102 品种烟叶的感官质量评价及工业可用性，与其产量、产值表现一致，均表明北纬 23°～26°、海拔 1 600～2 000m 的纬度与海拔交汇区域，是 NC102 品种最适宜种植区域。

（二）NC102 品种的区域布局研究

将云南中烟原料基地北纬 22.5°～27.5°、海拔 600～2 500m 范围内 NC102 品种的生态适应性调查结果，与 5 个纬度带、3 个海拔段 15 个试验点内 NC102 品种同田种植的生态适应性试验结果，进行综合分析，得出 NC102 品种的最适宜种植区域。

在云南中烟原料基地内，NC102 品种的最适宜种植在北纬 23°～26°、海拔 1 600～2 000m 的区域，该区域的可植烟面积分布见表 1-11。

表 1-11　NC102 在纬度和海拔二维空间的最适宜植烟区面积（hm²）

纬度	海拔	
	1 600～1 800m	1 800～2 000m
23°～23.5°	10 824.40	2 767.13
23.5°～24°	11 044.73	3 958.27
24°～24.5°	20 617.40	16 492.33
24.5°～25°	15 568.27	37 842.60
25°～25.5°	28 672.60	50 177.93
25.5°～26°	7 167.20	26 830.07

由表 1-11 可知，在云南中烟原料基地内，NC102 品种的最适宜种植区的总面积为 23.20 万 hm²，占云南中烟原料基地可植烟面积（48.20 万 hm²）的 48.13%。NC102 品种的最适宜种植区分布见表 1-12。

表 1-12　NC102 品种在纬度和海拔二维空间内的最适宜植烟区分布

纬度	海拔	
	1 600～1 800m	1 800～2 000m
23°～23.5°	个旧：保和、卡房 建水：官厅、坡头 蒙自：冷泉、水田、芷村 石屏：牛街 沧源：糯良、岩帅 双江：邦丙、大文 景谷：半坡 墨江：龙潭 麻栗坡：董干 马关：八寨 文山：平坝、小街、新街 元江：那诺	沧源：单甲、岩帅 双江：忙糯 澜沧：文东 墨江：景星 文山：坝心 元江：羊街

（续）

纬度	海拔	
	1 600～1 800m	1 800～2 000m
23.5°～24°	建水：李浩寨、利民 石屏：龙朋 耿马：芒洪 临翔：博尚、圈内、章驮 墨江：团田 镇沅：和平 广南：五珠 新平：平掌 元江：咪哩、因远	建水：普雄 开远：碑格 石屏：大桥、哨冲 耿马：大兴 永德：崇岗 镇康：忙丙、木场 墨江：新抚 新平：建兴 元江：龙潭
24°～24.5°	昌宁：更戛 双柏：爱尼山 弥勒：五山 凤庆：郭大寨 永德：班卡 云县：茶房、大朝山西、栗树 丘北：双龙营 峨山：大龙潭、甸中 红塔：北城、春和、大营街、玉带 华宁：宁州、华溪、青龙、通红甸 江川：大街、九溪、路居、前卫 通海：四街	施甸：酒房 芒市：五岔路 弥勒：东山、西二 晋宁：夕阳 永德：乌木龙 云县：涌宝 景东：大朝山东、曼等 镇沅：九甲 丘北：新店 峨山：富良棚、塔甸 江川：安化、江城、雄关 通海：河西、九龙、里山、纳古、兴蒙、杨广 新平：新化
24.5°～25°	隆阳：西邑 施甸：何元、木老元、水长 腾冲：清水 楚雄：东华 双柏：独田 南涧：无量山 梁河：平山 泸西：午街铺、中枢 石林：板桥、大可、鹿阜、石林 凤庆：大寺 师宗：龙庆 易门：六街	龙陵：腊勐、龙新、镇安 施甸：摆榔、太平、姚关 楚雄：八角、大地基、大过口、新村、子午 禄丰：土官 南华：马街 弥渡：牛街 南涧：宝华 梁河：小厂 陇川：护国 芒市：江东 泸西：白水、金马、旧城 安宁：八街、草铺、禄脿、县街 晋宁：二街、晋城、六街、双河 石林：圭山、西街口、长湖 凤庆：鲁史 陆良：芳华、马街 师宗：彩云、大同、丹凤、葵山、竹基 澄江：九村、龙街、右所 易门：小街

（续）

纬度	海拔	
	1 600～1 800m	1 800～2 000m
25°～25.5°	昌宁：大田坝 隆阳：板桥、汉庄、金鸡、辛街 腾冲：北海、滇滩、猴桥、界头、腾越 楚雄：东瓜、鹿城、三街 禄丰：和平、妥安、中村 南华：红土坡、罗武庄、一街 姚安：大河口 弥渡：德苴、红岩、弥城、新街 巍山：大仓、庙街、南诏、巍宝山、五印、永建 祥云：鹿鸣 漾濞：瓦厂 永平：博南、厂街 富民：赤鹫、款庄、罗免、散旦、永定 禄劝：崇德 宜良：马街、汤池 富源：十八连山、竹园	隆阳：水寨、瓦渡 腾冲：马站 楚雄：苍岭、吕合、树苴 禄丰：碧城、广通、勤丰、仁兴、一平浪 牟定：安乐、蟠猫 南华：龙川、沙桥、雨露 姚安：官屯、弥兴、太平 巍山：马鞍山、紫金 祥云：沙龙、云南驿 永平：龙街 嵩明：牛栏江、嵩阳、小街、杨林、杨桥 寻甸：羊街 宜良：九乡 富源：老厂、营上 陆良：板桥、大莫古、活水、小百户、中枢 罗平：阿岗、富乐、老厂、马街 马龙：大庄、旧县、马过河、纳章 麒麟：茨营、东山、三宝、潇湘、越州
25.5°～26°	隆阳：瓦马 大姚：龙街、赵家店 武定：狮山、田心 永仁：宜就 宾川：大营、平川、乔甸 漾濞：漾江 永平：龙门 富民：东村 禄劝：翠华、屏山、团街 寻甸：金所、金源 富源：大河	腾冲：明光 大姚：金碧、六苴、新街 牟定：戌街 武定：插甸、万德 姚安：栋川、光禄、适中 元谋：羊街 宾川：鸡足山、拉乌 大理：海东、上关、双廊、挖色、喜洲 洱源：邓川 祥云：东山、禾甸、刘厂、米甸 漾濞：苍山西、太平 永平：北斗 云龙：团结 寻甸：功山、河口、柯渡、七星、仁德 富源：中安 会泽：田坝 马龙：王家庄 麒麟：西城、珠街 宣威：羊场 沾益：菱角、盘江、西平

（三）NC102 品种适宜种植的土壤类型

在昆明市种植 NC102 品种的石林、禄劝、安宁、西山、晋宁原料基地县 1 800m 海拔区域的不同类型土壤类型（红壤、水稻土、紫色土）上，取 NC102 品种烟样 148 个，根据对烟叶的外观质量、常规化学成分、感官质量和致香物质含量分析，筛选出 NC102 品种种植的适宜土壤类型。

1. 烟叶外观质量

从表 1-13 可看出，NC102 品种在海拔 1 800m 区域内，种植在红壤和水稻土上的烟叶外观质量要比种植在紫色土上的烟叶外观质量好。

表 1-13　NC102 品种不同土壤类型烟叶外观质量指标得分

土壤类型	成熟度	叶片结构	身份	油分	色度	外观质量总分
红壤	14.7	14.4	13.7	18.5	18.6	79.9
水稻土	14.5	14.8	13.3	17.6	17.5	77.7
紫色土	13.4	13.7	12.7	16.3	16.6	72.7

2. 烟叶常规化学成分

从表 1-14 可看出，NC102 品种在海拔 1 800m 区域内，在红壤和水稻土上种植的烟叶化学成分与云南中烟优质烤烟常规化学成分的符合度高于紫色土。

表 1-14　NC102 品种不同土壤类型烟叶与《云南中烟优质烤烟常规
化学成分指标要求》的符合度

土壤类型	等级	总氮(%)	烟碱(%)	总糖(%)	还原糖(%)	钾(%)	氯(%)	氮碱比	两糖差	平均符合度(%)
红壤		94.2	95.6	94.9	97.1	94.5	96.2	86.9	91.6	93.9
水稻土	B2F	90.3	96.6	92.4	93.7	94.4	97.2	86.6	94.8	93.3
紫色土		83.4	85.5	86.7	85.1	87.0	97.4	81.6	85.8	86.6
红壤		93.2	97.6	95.4	93.7	91.7	95.6	86.2	94.5	93.5
水稻土	C3F	92.1	95.8	96.3	94.5	91.9	96.2	89.5	93.3	93.7
紫色土		83.0	82.3	86.8	84.4	84.6	94.9	86.7	88.5	86.4

注：B2F 和 C3F 分别表示烤烟 40 级分级中的上部叶橘色组二等级和中部叶橘色组三等级，下同。

3. 烟叶感官质量

从表 1-15 可看出，NC102 品种在海拔 1 800m 区域内，在红壤和水稻土上种植的烟叶感官质量评价得分均高于紫色土。

表 1-15　NC102 不同土壤类型烟叶感官质量评价结果

土壤类型	等级	香气量	香气质	口感	杂气	劲头	总分
红壤		13.5	53.8	14.0	7.7	5.5	89.2
水稻土	B2F	14.0	53.3	13.8	7.5	5.8	88.6
紫色土		12.5	51.0	11.5	6.5	6.0	81.5
红壤		13.3	54.2	13.7	7.5	5.0	88.7
水稻土	C3F	13.8	53.8	13.5	7.3	5.8	88.4
紫色土		12.3	50.5	12.2	6.2	6.0	81.2

4. 烟叶致香成分含量

从表 1-16 可看出，NC102 品种在海拔 1 800m 区域内，在红壤和水稻土上种植的烟叶香味物质总量、酮类致香成分含量均高于紫色土。

表 1-16　NC102 不同土壤类型烟叶各类致香成分含量

土壤类型	等级	各类致香成分含量（μg/g）								
		香味物质总量	去掉新植二烯后香味物质含量	酮类	醇类	醛类	酯类	酚类	呋喃类	氮杂环类
红壤		1 493.9	639.6	104.5	84.0	30.6	49.5	40.3	16.4	18.5
水稻土	B2F	1 332.2	673.5	99.8	102.2	30.5	38.5	27.0	16.3	23.3
紫色土		1 150.3	798.9	87.5	75.4	26.5	46.9	33.7	19.5	14.6
红壤		1 523.0	738.8	95.7	90.3	18.1	61.3	7.9	11.4	8.5
水稻土	C3F	1 375.1	579.7	88.7	110.7	24.8	50.7	13.7	15.8	16.5
紫色土		1 281.8	777.1	78.6	61.1	21.5	45.1	16.8	17.8	11.7

结论：NC102 品种最适宜种植的土壤类型是红壤和水稻土，其次是紫色土。

（四）NC102 品种适宜种植的土壤质地

在昆明市种植 NC102 品种的石林、禄劝、安宁、西山、晋宁原料基地县，在 1 800m 海拔区域的不同土壤质地（沙土、壤土、黏土）上，取 NC102 品种烟样 148 个，根据对烟叶的外观质量、常规化学成分、感官质量和致香物质含量分析，筛选出 NC102 品种种植的适宜土壤质地。

1. 烟叶外观质量

从表 1-17 可看出，按照《云烟、红河品牌各类别卷烟的烟叶原料外观质量指标的分值要求》，NC102 品种在海拔 1 800m 区域的沙土、壤土和黏土上生产的烟叶均符合一、二类卷烟对原料的外观质量指标的要求（外观质量总分＞75 分）。

表 1-17 NC102 品种不同土壤质地烟叶外观质量指标得分

土壤质地	成熟度	叶片结构	身份	油分	色度	外观质量总分
沙土	14.5	14.3	13.4	18.1	18.3	78.6
壤土	14.5	14.4	13.4	18.1	18.3	78.7
黏土	14.3	14.2	13.1	17.3	17.6	76.5

2. 烟叶化学成分

从表 1-18 可看出，按照《云烟、红河品牌各类别卷烟烟叶原料的常规化学成分符合度指标要求》，NC102 品种在海拔 1 800m 区域的沙土、壤土和黏土上种植的烟叶均符合一、二类卷烟对原料内在化学成分指标的要求（符合度＞90％）。

表 1-18 NC102 不同土壤质地烟叶与《云南中烟优质烤烟化学成分指标要求》的符合度

土壤质地	等级	总氮	烟碱	总糖	还原糖	钾	氯	氮碱比	两糖差	平均符合度（％）
沙土		94.7	95.1	94.3	97.5	94.0	96.3	86.7	91.3	93.7
壤土	B2F	91.3	96.2	92.6	93.8	94.2	97.8	86.3	94.6	93.4
黏土		90.7	96.3	92.1	93.3	94.6	97.1	86.7	94.9	93.2
沙土		93.5	97.2	95.9	93.1	91.4	95.3	86.8	94.3	93.4
壤土	C3F	92.4	95.5	96.1	94.7	91.3	96.7	89.2	93.8	93.7
黏土		92.0	95.1	96.6	94.3	91.8	96.3	89.1	93.2	93.6

3. 烟叶感官质量

从表1-19可看出，按照《云烟、红河品牌各类别卷烟的烟叶原料感官质量指标的分值要求》，NC102品种在海拔1 800m区域的沙土、壤土和黏土上种植的烟叶均符合一、二类卷烟对原料感官质量指标的要求（评吸总分>86分）。

表 1-19 NC102 不同土壤质地烟叶感官质量评吸结果

土壤质地	等级	香气量	香气质	口感	杂气	劲头	总分
沙土		14.0	53.2	13.0	7.0	5.5	87.2
壤土	B2F	14.0	53.5	13.0	7.0	5.0	87.5
黏土		14.5	53.0	12.0	6.5	5.5	86.0
沙土		13.9	54.5	13.8	7.3	5.3	89.5
壤土	C3F	13.5	54.6	14.0	7.2	5.0	89.3
黏土		13.7	54.0	12.7	7.0	5.5	87.4

4. 烟叶致香成分含量

从表1-20可看出，NC102品种在海拔1 800m区域沙土和壤土上种植的烟叶香味物质总量比黏土高，但差异不明显。

表 1-20 NC102 不同土壤质地烟叶各类致香成分含量

土壤质地	等级	各类致香成分含量（μg/g）							
		香味物质总量	去掉新植二烯后香味物质含量	酮类	醇类	醛类	酯类	酚类	呋喃类	氮杂环类
沙土		1 361.5	651.4	98.7	91.1	29.7	37.4	14.3	18.3	18.0
壤土	B2F	1 452.0	746.5	102.3	84.3	20.3	67.4	24.1	15.2	18.2
黏土		1 280.3	721.5	101.0	94.8	27.3	50.7	26.0	18.1	21.7
沙土		1 401.8	769.6	149.0	92.9	23.5	57.3	18.0	11.9	15.7
壤土	C3F	1 518.6	787.8	189.5	76.5	20.6	57.3	16.7	11.9	12.1
黏土		1 366.2	656.3	164.7	77.0	21.8	47.7	17.5	12.8	18.3

结论：NC102品种在沙土、壤土和黏土上均适宜种植。

在云南中烟原料基地，NC102品种最适宜种植在北纬23°～26°、海拔1 600～2 000m的区域。最适宜种植的土壤类型是红壤和水稻土。NC102品种在沙土、壤土和黏土上均适宜种植。

九、施氮量、株距、留叶数、打顶时期对 NC102 品种烟叶产质量的影响研究

（一）研究背景

烟草的种植密度、施氮量及打顶留叶是烟叶生产过程中最基础的栽培技术，同时也是影响烟叶产质量的关键因素。研究表明，种植密度、施氮量及留叶数与烟叶的产量呈正相关，在一定范围内增加种植密度、施氮量及留叶数均可增加烟叶的产值（杨军章等，2012；周亚哲等，2016；吴帼英等，1983）；但种植密度、施氮量偏大或偏小，都不利于烟叶品质的形成，进而降低经济效益及工业可用性（沈杰等，2016；杨隆飞等，2011）。研究发现，适当增加留叶数，有利于减少烟叶中烟碱的含量，增加中性致香物质的含量，对于提高上部叶的质量有重要的作用（高贵等，2005；邱标仁等，2000；史宏志等，2011）。只有适宜的种植密度、施氮量及留叶数才可使烟叶获得较高的经济效益，较好的内在质量，所以这三者一直是烟草科学研究的重点。

由此，笔者通过种植密度、施氮量及留叶数对 NC102 农艺性状、外观质量、内在化学成分及经济性状等方面的影响，探究出 NC102 在本地适宜的种植密度、施氮量及留叶数，为 NC102 在本地的种植及推广提供了理论基础。

（二）材料与方法

1. 试验地点

昆明市石林县板桥镇马街村委会，海拔 1 667m。

2. 供试土壤养分状况

pH 6.8，有机质 28.0g/kg，速效氮 107.3mg/kg，有效磷 17.0mg/kg，速效钾 142.3mg/kg。

3. 试验设计和处理

试验采用 L_{27}（3^{13}）正交试验设计，考虑施氮量、株距、留叶数、打顶时期 4 个因素，每个因素设 3 个水平，共计 27 个小区，采用完全随机设计，每个小区种 60 株烤烟。施肥量（只设氮肥用量梯度，磷、钾肥用量相同），复合肥配方 $N : P_2O_5 : K_2O = 12 : 10 : 24$；氮磷钾比例 $N : P_2O_5 :$

$K_2O=1:1:2.5$。行距为 1.2m。30％的氮肥和 100％磷肥做基肥施用，38.7％的氮肥在移栽后 15d 做追肥施用，31.3％的氮肥在移栽后 22d 做追肥施用。试验因素与水平见表 1-21。

表 1-21 试验因素与水平表

因素水平	施氮量（kg/hm²）	株距（m）	留叶数（片）	打顶时期
1	52.5	0.50	20	扣心打顶
2	75.0	0.55	22	现蕾打顶
3	97.5	0.60	24	初花打顶

4. 施肥与田间管理

移栽后浇定根水。移栽后 15d 和 22d 结合追肥灌水。叶面喷施 80％代森锌可湿性粉剂 800 倍液防治炭疽病，叶面喷施 40％菌核净可湿性粉剂 500 倍液防治赤星病，叶面喷施 36％甲基硫菌灵悬浮剂 1 000 倍液防治白粉病，叶面喷施 5％吡虫啉乳油 1 200 倍液防治烟蚜，叶面喷施 40％灭多威可溶粉剂 1 500 倍液防治烟青虫。手工打顶除杈。

5. 田间调查与样品采集、分析

（1）调查内容。主要经济性状（产量、产值、上等烟比例）。

（2）采烤与测产。严格成熟采摘、科学烘烤。烘烤前严格分小区进行挂牌进炉，烤后要严格区分和堆放。每烤 1 炉，回潮后立即分小区测产，并预留好要取样的烟叶用标签标记，妥善保管。

（3）烟叶取样及品质评价。每个小区取 B2F、C3F 样品各 1kg，分析烟叶总糖、还原糖、烟碱、总氮、钾、氯、淀粉。同时，每个小区取 B2F 1kg，进行烟叶感官质量评吸。

6. 数据统计与分析

采用 EXCEL、DPS 数据处理系统对数据进行多重比较和方差显著性分析。

（三）结果与分析

1. 经济性状

（1）产量。通过表 1-22 可看出，施氮量、施氮量×株距互作达极显著水平；株距、留叶数达显著水平；其他因子均未达到显著水平。

表 1 - 22　正交设计方差分析表

变异来源	平方和	自由度	均方	F 值	p 值
施氮量	1 248 920.7	2	624 460.3	21.346 9**	0.001 9
株距	522 598.2	2	261 299.1	8.932 4*	0.015 9
施氮量×株距	933 185.2	2	466 592.6	15.950 3**	0.004 0
留叶数	524 091.2	2	262 045.6	8.957 9*	0.015 8
施氮量×留叶数	149 467.2	2	74 733.6	2.554 7	0.157 5
株距×留叶数	44 496.2	2	22 248.1	0.760 5	0.507 7
打顶时期	53 692.2	2	26 846.1	0.917 7	0.449 0
施氮量×打顶时期	223 975.2	2	111 987.6	3.828 3	0.084 8
株距×打顶时期	57 201.2	2	28 600.6	0.977 7	0.429 0
留叶数×打顶时期	39 204.2	2	19 602.1	0.670 1	0.546 2
误差	175 517.5	6	29 252.9		
总和	3 972 349.0				

注：表中**表示在 1% 的水平上达到显著，*表示在 5% 水平上达到显著，下同。

从表 1 - 23 可以看出，NC102 品种产量最高的栽培措施：施纯氮量 97.5kg/hm²，株距 0.6m，留叶数 20，现蕾打顶。

表 1 - 23　产量均值比较表

因子	均值		
	水平 1	水平 2	水平 3
施氮量	2 968.666 7	3 285.000 0	3 491.666 7
株距	3 117.166 7	3 187.166 7	3 441.000 0
施氮量×株距	3 348.666 7	2 987.833 3	3 408.833 3
留叶数	3 352.000 0	3 051.500 0	3 341.833 3
施氮量×留叶数	3 348.000 0	3 169.166 7	3 228.166 7
株距×留叶数	3 261.500 0	3 290.333 3	3 193.500 0
打顶时期	3 239.000 0	3 307.166 7	3 199.166 7
施氮量×打顶时期	3 322.666 7	3 120.166 7	3 302.500 0
株距×打顶时期	3 313.500 0	3 217.833 3	3 214.000 0
留叶数×打顶时期	3 201.500 0	3 249.000 0	3 294.833 3

（2）产值。通过表 1 - 24 可看出，施氮量、施氮量×株距互作达极显

著水平；株距、留叶数达显著水平。其他因子均未达到显著水平。

表 1－24　正交设计方差分析表

变异来源	平方和	自由度	均方	F 值	p 值
施氮量	280 829 394.0	2	140 414 697.0	18.460 4**	0.002 7
株距	166 471 293.5	2	83 235 646.8	10.943 0*	0.010 0
施氮量×株距	172 312 050.5	2	86 156 025.3	11.327 0**	0.009 2
留叶数	118 212 978.5	2	59 106 489.3	7.770 7*	0.021 6
施氮量×留叶数	18 374 294.0	2	9 187 147.0	1.207 8	0.362 4
株距×留叶数	7 042 754.0	2	3 521 377.0	0.463 0	0.650 2
打顶时期	7 295 508.5	2	3 647 754.3	0.479 6	0.640 9
施氮量×打顶时期	35 969 702.0	2	17 984 851.0	2.364 5	0.174 9
株距×打顶时期	13 777 314.0	2	6 888 657.0	0.905 7	0.453 2
留叶数×打顶时期	22 438 990.5	2	11 219 495.3	1.475 0	0.301 3
误差	45 637 714.0	6	7 606 285.7		
总和	888 361 993.5				

注：表中**表示在 1% 的水平上达到显著，* 表示在 5% 水平上达到显著，下同。

从表 1－25 可以看出，NC102 品种产值最高的栽培措施：施纯氮量 97.5kg/hm²，株距 0.6m，留叶数 20，现蕾打顶。

表 1－25　产值均值比较表

因子	均值		
	水平 1	水平 2	水平 3
施氮量	43 617.666 7	47 384.666 7	51 514.666 7
株距	45 178.500 0	46 391.833 3	50 946.666 7
施氮量×株距	48 582.333 3	44 017.166 7	49 917.500 0
留叶数	49 055.833 3	44 547.666 7	48 913.500 0
施氮量×留叶数	47 835.333 3	46 371.666 7	48 310.000 0
株距×留叶数	47 664.666 7	48 036.333 3	46 816.000 0
打顶时期	47 120.333 3	48 240.500 0	47 156.166 7
施氮量×打顶时期	48 709.333 3	45 949.000 0	47 858.666 7
株距×打顶时期	48 463.333 3	46 748.333 3	47 305.333 3
留叶数×打顶时期	48 313.000 0	46 231.500 0	47 972.500 0

（3）上等烟比例。从表1-26可以看出，各个处理及处理互作的 p 值均未达到显著水平，说明各个因子和因子互作对上等烟比例影响不显著。

表1-26 正交设计方差分析表（完全随机模型）

变异来源	平方和	自由度	均方	F值	p值
施氮量	28.931 0	2	14.465 5	0.277 6	0.766 8
株距	102.893 4	2	51.446 7	0.987 4	0.425 9
施氮量×株距	132.219 1	2	66.109 6	1.268 8	0.347 1
留叶数	28.305 6	2	14.152 8	0.271 6	0.771 0
施氮量×留叶数	268.341 2	2	134.170 6	2.575 1	0.155 8
株距×留叶数	48.279 2	2	24.139 6	0.463 3	0.650 0
打顶时期	14.129 1	2	7.064 6	0.135 6	0.875 8
施氮量×打顶时期	34.924 8	2	17.462 4	0.335 1	0.727 8
株距×打顶时期	26.453 0	2	13.226 5	0.253 9	0.783 7
留叶数×打顶时期	329.607 5	2	164.803 7	3.163 0	0.115 3
误差	312.621 4	6	52.103 6		
总和	1 326.705 3				

通过表1-27可以得出，上等烟比例最高的栽培措施：施纯氮量 97.5kg/hm²，株距0.6m，留叶数24，初花打顶。

表1-27 上等烟比例均值比较表

因子	均值		
	水平1	水平2	水平3
施氮量	54.600 0	54.882 2	56.923 3
株距	55.581 1	53.023 3	57.801 1
施氮量×株距	53.360 0	54.520 0	58.525 6
留叶数	54.991 1	54.523 3	56.891 1
施氮量×留叶数	51.544 4	55.597 8	59.263 3
株距×留叶数	56.722 2	53.615 6	56.067 8
打顶时期	54.830 0	55.095 6	56.480 0
施氮量×打顶时期	56.873 3	54.087 8	55.444 4
株距×打顶时期	56.850 0	54.582 2	54.973 3
留叶数×打顶时期	60.081 1	51.627 8	54.696 7

2. 化学成分协调性

烤烟化学成分评价指标包括烟碱、总氮、还原糖、钾、糖碱比、钾氯比、两糖比、氮碱比。各指标的权重和赋值（表 1-28）参照中国烟草总公司郑州烟草研究院发布的《烤烟新品种工业评价方法》，烟碱、总氮、还原糖、钾、糖碱比、钾氯比、两糖比、氮碱比权重依次为 0.14、0.07、0.14、0.06、0.22、0.10、0.12、0.15，采用指数和法评价烤烟化学成分协调性。

表 1-28 烟叶化学成分评价指标赋值方法

指标	100 分	100～90 分	90～80 分	80～70 分	70～60 分	60～30 分	30 分
烟碱（%）	2.2～2.8	2.2～2.0	2.0～1.8	1.8～1.7	1.7～1.6	1.6～1.2	<1.2
		2.8～3.0	3.0～3.1	3.1～3.2	3.2～3.3	3.3～3.5	>3.5
总氮（%）	1.8～2.0	1.8～1.6	1.6～1.5	1.5～1.4	1.4～1.3	1.3～1.0	<1.0
		2.0～2.2	2.2～2.3	2.3～2.4	2.4～2.5	2.5～2.8	>2.8
还原糖（%）	24.0～28.0	24.0～22.0	22.0～20.0	20.0～18.0	18.0～16.0	16.0～14.0	<14.0
		28.0～30.0	30.0～31.0	31.0～32.0	32.0～33.0	33.0～35.0	>35.0
钾（%）	>2.5	2.5～2.0	2.0～1.6	1.6～1.4	1.4～1.2	1.2～1.0	<1.0
糖碱比	8.0～10.0	8.0～7.0	7.0～6.5	6.5～6.0	6.0～5.5	5.5～4.0	<4.0
		10.0～12.0	12.0～14.0	14.0～16.0	16.0～18.0	18.0～20.0	>20.0
钾氯比	≥8.0	8.0～6.0	6.0～4.0	4.0～3.0	3.0～2.0	2.0～1.0	<1.00
两糖比	≥0.9	0.9～0.85	0.85～0.80	0.80～0.75	0.75～0.70	0.70～0.60	<0.60
氮碱比	0.90～1.00	0.90～0.80	0.80～0.70	0.70～0.65	0.65～0.60	0.60～0.50	<0.50
		1.00～1.10	1.10～1.20	1.20～1.25	1.25～1.30	1.30～1.40	>1.40

（1）上部叶化学成分协调性得分。通过表 1-29 可看出，各个因子及因子互作的 p 值均未达到显著水平，说明各个因子和因子互作对 NC102 上部叶化学成分协调性得分影响不显著。

表 1-29 正交设计方差分析表

变异来源	平方和	自由度	均方	F 值	p 值
施氮量	124.857 8	2	62.428 9	0.915 6	0.449 7
株距	32.995 4	2	16.497 7	0.242 0	0.792 4

（续）

变异来源	平方和	自由度	均方	F 值	p 值
施氮量×株距	21.115 1	2	10.557 5	0.154 8	0.859 9
留叶数	113.719 7	2	56.859 8	0.833 9	0.479 1
施氮量×留叶数	55.551 4	2	27.775 7	0.407 4	0.682 5
株距×留叶数	99.083 2	2	49.541 6	0.726 6	0.521 7
打顶时期	14.210 9	2	7.105 4	0.104 2	0.902 6
施氮量×打顶时期	43.698 3	2	21.849 2	0.320 4	0.737 5
株距×打顶时期	181.523 6	2	90.761 8	1.331 1	0.332 3
留叶数×打顶时期	6.591 9	2	3.296 0	0.048 3	0.953 2
误差	409.102 8	6	68.183 8		
总和	1 102.450 1				

从表 1-30 可以看出，NC102 品种上部叶化学成分协调性得分最高的栽培措施：施纯氮量 52.5kg/hm^2，株距 0.50m，留叶数 24，扣心打顶。

表 1-30　化学成分协调性得分均值比较表

因子	均值		
	水平 1	水平 2	水平 3
施氮量	69.547 8	66.792 2	64.282 2
株距	66.558 9	65.705 6	68.357 8
施氮量×株距	67.542 2	67.455 6	65.624 4
留叶数	66.492 2	64.573 3	69.556 7
施氮量×留叶数	64.845 6	67.893 3	67.883 3
株距×留叶数	65.934 4	69.544 4	65.143 3
打顶时期	67.584 4	65.877 8	67.160 0
施氮量×打顶时期	68.655 6	65.765 6	66.201 1
株距×打顶时期	69.482 2	63.337 8	67.802 2
留叶数×打顶时期	67.565 6	66.441 1	66.615 6

（2）中部叶化学成分协调性得分。通过表 1-31 可看出，各个因子及因子互作的 p 值均未达到显著水平，说明各个因子和因子互作对 NC102 中部叶化学成分协调性得分影响不显著。

表 1 - 31 正交设计方差分析表

变异来源	平方和	自由度	均方	F 值	p 值
施氮量	54.620 9	2	27.310 5	4.400 2	0.066 6
株距	2.191 1	2	1.095 5	0.176 5	0.842 4
施氮量×株距	5.812 8	2	2.906 4	0.468 3	0.647 2
留叶数	6.316 6	2	3.158 3	0.508 9	0.625 0
施氮量×留叶数	0.732 7	2	0.366 3	0.059 0	0.943 2
株距×留叶数	32.919 3	2	16.459 7	2.652 0	0.149 5
打顶时期	59.524 1	2	29.762 1	4.795 2	0.057 0
施氮量×打顶时期	17.685 0	2	8.842 5	1.424 7	0.311 7
株距×打顶时期	1.855 1	2	0.927 5	0.149 4	0.864 3
留叶数×打顶时期	8.811 5	2	4.405 7	0.709 8	0.528 8
误差	37.239 6	6	6.206 6		
总和	227.708 7				

从表 1 - 32 可以看出，NC102 品种中部叶化学成分协调性得分最高的栽培措施：施纯氮量 75.0kg/hm², 株距 0.55m, 留叶数 20, 初花打顶。

表 1 - 32 化学成分协调性得分均值比较表

因子	均值		
	水平 1	水平 2	水平 3
施氮量	68.040 0	70.351 1	66.937 8
株距	68.444 4	68.791 1	68.093 3
施氮量×株距	68.415 6	67.888 9	69.024 4
留叶数	68.982 2	68.537 8	67.808 9
施氮量×留叶数	68.424 4	68.653 3	68.251 1
株距×留叶数	67.540 0	67.791 1	69.997 8
打顶时期	69.000 0	66.411 1	69.917 8
施氮量×打顶时期	67.722 2	68.033 3	69.573 3
株距×打顶时期	68.777 8	68.137 8	68.413 3
留叶数×打顶时期	68.568 9	67.688 9	69.071 1

3. 感官质量

香气质、香气量、杂气、刺激性、余味为烤烟感官质量评价指标。按照《烟草及烟草制品　感官评价方法》YC/T 138—1998 烟草及烟草制品感官评价方法对各指标进行评分，香气质、香气量、杂气、刺激性、余味权重参照中国烟草总公司郑州烟草研究院《烤烟新品种工业评价方法技术报告》（YQ-YS/T1-2018）分别为 0.25、0.25、0.17、0.13、0.20。烤烟感官质量得分选用指数和法计算。

通过表 1-33 可看出，各个处理及处理互作的 p 值均未达到显著水平，说明各个因子和因子互作对感官质量评价总分影响不显著。

表 1-33　正交设计方差分析表（完全随机模型）

变异来源	平方和	自由度	均方	F 值	p 值
施氮量	109.407 4	2	54.703 7	1.386 2	0.319 9
株距	36.574 0	2	18.287 0	0.463 3	0.649 9
施氮量×株距	31.907 4	2	15.953 7	0.404 2	0.684 3
留叶数	213.574 1	2	106.787 0	2.706 0	0.145 3
施氮量×留叶数	3.907 4	2	1.953 7	0.049 5	0.952 0
株距×留叶数	119.185 2	2	59.592 5	1.510 0	0.294 3
打顶时期	17.574 0	2	8.787 0	0.222 6	0.806 7
施氮量×打顶时期	0.351 8	2	0.175 9	0.004 4	0.995 5
株距×打顶时期	102.796 3	2	51.398 1	1.302 4	0.339 0
留叶数×打顶时期	39.796 3	2	19.898 1	0.504 2	0.627 4
误差	236.777 8	6	39.462 9		
总和	911.851 7				

从表 1-34 可以看出，NC102 品种感官质量评价总分最高的栽培措施：施纯氮量 52.5kg/hm²，株距 0.6m，留叶数 22，初花打顶。

表 1-34　感官质量评价总分均值比较表

因子	均值		
	水平 1	水平 2	水平 3
施氮量	93.833 3	91.944 4	88.944 4
株距	90.000 0	91.944 4	92.777 7
施氮量×株距	90.833 3	90.777 7	93.111 1

（续）

因子	均值		
	水平 1	水平 2	水平 3
留叶数	87.777 7	94.500 0	92.444 4
施氮量×留叶数	91.277 7	91.333 3	92.111 1
株距×留叶数	93.722 2	92.277 7	88.722 2
打顶时期	90.444 4	92.000 0	92.277 7
施氮量×打顶时期	91.555 5	91.444 4	91.722 2
株距×打顶时期	88.833 3	93.222 2	92.666 6
留叶数×打顶时期	90.333 3	93.222 2	91.166 6

（四）结论

1. 经济性状

NC102 品种经济性状最佳的栽培措施：施纯氮量 97.5kg/hm²，株距 0.6m，留叶数 22，扣心或现蕾打顶。

2. 化学成分协调性

NC102 品种上部叶化学成分协调性得分最高的栽培措施：施纯氮量 52.5kg/hm²，株距 0.50m，留叶数 24，扣心打顶。

NC102 品种中部叶化学成分协调性得分最高的栽培措施：施纯氮量 75.0kg/hm²，株距 0.55m，留叶数 20，初花打顶。

3. 感官质量

NC102 品种感官质量评价总分最高的栽培措施：施纯氮量 52.5kg/hm²，株距 0.6m，留叶数 22，初花打顶。

十、轮作及连作对 NC102 品种烟叶产质量的影响研究

（一）研究背景

大量研究表明，轮作能充分利用土壤养分，提高施肥效益，保持、恢复和提高土壤肥力，消除土壤中的有毒物质，减少病虫害，提高烟叶产量和质量（林福群等，1996）。研究证明，实行稻烟轮作，水旱交替，

能显著提高土壤肥力，减轻病虫害的危害（李天金，2000）。研究结果表明，按照烤烟—小麦—玉米—烤烟进行隔年轮作，有条件的地方实行水旱轮作，可以减轻各种病害，特别是花叶病的危害（肖枢等，1997）。通过研究烟草根结线虫与轮作的关系表明，轮作可显著降低虫口密度，减少线虫种群（何念杰等，1995）。经过 4 年研究指出，稻烟轮作能有效地控制烟草青枯病等土传病害，并能减轻烟草赤星病和野火病等叶斑类病害的危害（刘方等，2002）。研究证明，轮作可以改善连作对烤烟品质带来的不利影响。但是我国大多数烟区由于受耕地资源、种植条件以及生产成本等诸多因素的限制，实行烟草轮作和休耕的种植方式还存在较大难度，常年的烟草连作种植在我国较为普遍，连作障碍是目前制约我国烟草生产可持续发展的关键瓶颈问题（高林等，2019）。

因此，本文研究轮作及不同连作年限对烟田土壤状况及 NC102 品种烟叶产质量的影响，以期对 NC102 品种生产布局提供一定的理论依据。

（二）试验设计

在石林县板桥镇小屯村委会进行 NC102 品种不同耕作制度（轮作与 3 年连作）的试验，轮作与 3 年连作田块施氮量相同，施纯氮112.5kg/hm²。在同一片田块内各选 3 户轮作与 3 户 3 年连作的栽培烘烤正常的农户田块进行试验。在轮作和 3 年连作试验田内各取 3 个土样、3 套烟样（每套含C3F 等级 2kg）。土样进行常规分析，烟样进行常规化学成分分析和感官质量评价。

在烤烟采收结束后用环刀取土样进行土壤容重、孔隙度、土壤持水量和土壤水分检测，以比较轮作与 3 年连作对 NC102 品种种植区域的土壤理化性状、经济性状及烟叶品质的影响。

（三）试验结果及分析

1. 轮作与连作对 NC102 经济性状的影响

从表 1-35 可看出，NC102 品种在轮作田块种植的各项经济性状均优于 3 年连作田块。

表1-35 轮作和连作对 NC102 经济性状的影响

轮作/连作	调查农户	产量（kg/hm²）	产值（元/hm²）
轮作	严自荣	2 475	56 925
	赵国才	2 400	55 200
	李建红	2 520	57 960
	平均	2 465	56 695
3 年连作	杨家明	2 175	50 025
	杨本贵	2 100	48 300
	王文君	2 130	48 990
	平均	2 135	49 105

2. 轮作与连作对 NC102 品种种植区域土壤理化性状的影响

从表1-36 和 1-37 可看出，NC102 品种轮作土壤的养分状况和理化性状均优于 3 年连作的土壤。

表1-36 NC102 轮作与 3 年连作土壤养分状况

耕作制度	pH	有机质（g/kg）	碱解氮（mg/kg）	有效磷（mg/kg）	速效钾（mg/kg）
轮作	6.8	16.5	134.6	10.2	124.7
3 年连作	6.3	13.3	96.4	9.8	103.0

表1-37 NC102 轮作与 3 年连作土壤理化性状

耕作制度	自然含水量（%）	容重（g/cm³）	比重（g/cm³）	总孔隙度（%）	毛管孔隙度（%）	非毛管孔隙度（%）	田间持水量（%）	毛管持水量（%）
轮作	25.3	1.1	2.6	52.4	2.7	57.1	22.5	30.9
3 年连作	25.4	1.3	2.5	49.8	2.6	49.7	21.0	28.2

3. 轮作与连作对 NC102 品种烟叶品质的影响

（1）轮作与连作对 NC102 品种烟叶感官质量的影响。从表1-38 可看出，NC102 品种轮作田块烟叶感官质量总分均高于 3 年连作的田块。

表1-38 NC102 轮作与 3 年连作烟叶感官质量评价

耕作制度	香气量	香气质	口感	杂气	劲头	总分
轮作	13.2	52.0	13.2	6.6	6.3	84.9
3 年连作	13.2	50.8	13.3	6.4	6.1	83.6

（2）轮作与连作对 NC102 品种烟叶常规化学成分的影响。从表 1-39 可看出，NC102 品种轮作田块的烟叶常规化学成分协调性比 3 年连作田块好。

表 1-39　NC102 轮作与 3 年连作烟叶内在化学成分

耕作制度	总氮（%）	烟碱（%）	总糖（%）	还原糖（%）	钾（%）	氯（%）	氮碱比	糖差
轮作	2.2	2.8	26.8	24.2	1.7	0.4	0.8	2.6
3 年连作	1.5	3.7	22.4	17.0	1.2	0.8	0.4	5.4

结论：NC102 品种轮作田块的土壤物理性状、养分状况及烟叶产质量均优于 3 年连作的田块。

十一、土壤根结线虫对 NC102 品种种植布局的影响研究

（一）研究背景

根结线虫是常见的植物寄生性线虫，全世界每年由它造成的重要经济作物产量损失高达数百亿美元（Chen et al.，2018）。近年来，烟草根结线虫病在全国各烟区呈逐年加重的趋势，尤其在河南、云南、山东、陕西、广西、四川等烟草主产区危害十分严重（陈瑞泰等，1997；孔凡玉等，1995）。烟草根结线虫病是由植物根结线虫引起的，主要危害烟草的根部，严重影响烟草的健康发育。同时，根结线虫侵染对烟草造成的机械伤口极易诱发多种烟草根茎类病害，如烟草黑胫病、镰刀菌根腐病、根黑腐病、青枯病等，形成的复合侵染病害导致烟株长势衰弱，抵抗力差，进而加重烟草多种病害的发生与流行（陈瑞泰等，1997）。根结线虫的危害随着复种指数的增加以及重茬的日趋严重而加剧，烟草植株受到根结线虫侵染后，一般可造成减产 10%～20%，严重的可达 30%～40%，甚至出现零产量（张喆，2016）。

NC102 品种易感烟草根结线虫病，烟草根结线虫病影响 NC102 品种的种植布局。目前，只有昆明烟区种植 NC102 品种。因此，我们重点研究了昆明烟草根结线虫病对 NC102 品种种植布局的影响，并对红河、文山烟区土壤烟草根结线虫的分布情况进行了研究。

（二）昆明烟区调查结果

昆明烟区是目前 NC102 品种的唯一种植区，针对 NC102 品种易感土壤根结线虫病的特点，2010 年项目组在昆明市石林县、宜良县、嵩明县、寻甸县、富民县、晋宁县、禄劝县、安宁市、官渡区、西山区 10 县（区）的植烟乡镇土壤内，于烤烟移栽前在 0～25cm 耕层采集了 300 个土样，检测分析单位重量土样中的线虫数量（采用贝曼氏漏斗分离法），为 NC102 品种合理布局提供理论依据。

因为土壤根结线虫分级没有国家标准，所以我们根据各县（区）调查点土壤根结线虫二龄幼虫数量与田间烟草根结线虫病害发生情况间的关系（表 1－40），研究制订了烟草根结线虫的危害等级和预警信号（表 1－41），用于指导 NC102 品种的合理布局和根结线虫病害的防治。

表 1－40　植烟土壤烟草根结线虫数量与田间烟株线虫病危害情况

100g 土壤中二龄幼虫头数（N）	病株率（%）	病情指数	种植 NC102 防治线虫措施建议
$N=0$	0	0	无需防治
$0<N<10$	15.8	1.9	轮作
$10 \leqslant N<20$	34.4	8.2	轮作＋增施有机肥
$20 \leqslant N \leqslant 30$	71.5	28.2	轮作＋增施有机肥＋药剂防治
$N>30$	95.0	50.6	不宜种植

表 1－41　烟草根结线虫的危害等级预警信号

危害等级	100g 土壤中根结线虫二龄幼虫数量（N）	预警信号	预警信号的含义
0 级	$N=0$	绿色	土壤中无线虫危害，不会发病
Ⅰ级	$0<N<10$	蓝色	土壤中有少量线虫危害，可能导致轻度发病
Ⅱ级	$10 \leqslant N<20$	黄色	土壤中有一定量线虫危害，可能导致中度发病
Ⅲ级	$20 \leqslant N<30$	橙色	土壤中有大量线虫危害，可能导致重度发病
Ⅳ级	$N \geqslant 30$	红色	土壤已受线虫严重污染，可能导致高危发病

项目组根据本研究制订的烟草根结线虫危害等级的分级方法，对昆明市 10 县（区）65 个主要植烟乡（镇）的 300 个土样中的根结线虫进行了危害等级分级。结果见表 1－42。

表 1-42　昆明植烟区土壤根结线虫调查结果

危害等级	100g 土壤根结线虫数量范围（N）	土壤样品个数	所占比例（%）	县（区）	分布乡（镇）
Ⅰ级	0＜N＜10	179	60	石林	鹿阜、石林、长湖、大可、板桥、西街口
				宜良	古城、马街、耿家营、竹山、狗街、汤池、九乡
				嵩明	嵩阳、牛栏江、阿子营、杨林、白邑、小街
				晋宁	双河、六街、晋城、二街、夕阳
				禄劝	屏山、团街、汤郎、翠华、撒营盘、茂山、中屏、皎平渡、九龙
				寻甸	甸沙、塘子、七星、河口、羊街、金所
Ⅱ级	10≤N＜20	51	17	富民	款庄、散旦、赤鹫、东村、永定、罗免
				西山	厂口、沙朗
Ⅲ级	20≤N≤30	45	15	安宁	八街、县街、草铺、禄裱
				富民	款庄、散旦、赤鹫、东村、罗免
				西山	厂口
				官渡	大板桥、小哨、松华
Ⅳ级	N＞30	25	8	安宁	八街、县街、草铺、禄裱
				官渡	松华

从表 1-42 可得出如下结论：

（1）每 100g 土壤中土壤根结线虫数量＜10 头的区域占取样总数的 60%，主要分布在石林、宜良、嵩明、晋宁、禄劝、寻甸 6 县 34 个乡（镇）。在这些区域种植 NC102 品种，烤烟移栽至团棵期若遇干旱天气，可能会导致土壤根结线虫轻度发病，但危害不严重，属于Ⅰ级危害等级。在这些区域种植 NC102 品种，可不必进行专门防治，只要进行监测即可。

（2）每 100g 土壤中土壤根结线虫数量在 10～20 头的区域占取样总数

的 17％，主要分布在富民、西山 2 县（区）8 个乡（镇）。在这些区域种植 NC102 品种，烤烟移栽至团棵期若遇干旱天气，可能导致土壤根结线虫中度发病，属于Ⅱ级危害等级。在这些区域可种植 NC102 品种，但要进行隔年轮作。

（3）每 100g 土壤中土壤根结线虫数量在 20～30 头的区域，占取样总数的 15％，主要分布在安宁、富民、西山、官渡 4 县（市、区）13 个乡（镇）。在这些区域种植 NC102 品种，烤烟移栽至团棵期若遇干旱天气，可能导致土壤根结线虫重度发病，属于Ⅲ级危害等级。在这些区域仍可种植 NC102 品种，但除了进行隔年轮作外，还要进行化学防治。

（4）每 100g 土壤中土壤根结线虫数量在＞30 头的区域，占取样总数的 8％，主要分布在安宁、官渡 2 县市 5 个乡（镇）的部分村委会的少数植烟田块，在这些区域种植 NC102 品种，烤烟移栽至团棵期若遇干旱天气，可能导致土壤根结线虫高危发病，属于Ⅳ级危害等级。在这些区域建议不要种植 NC102 品种。

（三）红河烟区调查结果

红河烟区目前不种植 NC102 品种，但为了将来在红河州推广种植该品种，2010 年项目组在红河州个旧、开远、泸西、建水、蒙自、弥勒、石屏 7 县（区）的植烟土壤内，于烤烟移栽前在 0～25cm 耕层采集了 250 个土样，检测分析单位重量土样中的线虫数量（采用贝曼氏漏斗分离法），为 NC102 品种在红河州的合理布局提供理论依据。

项目组根据本研究制订的烟草根结线虫危害等级的分级方法，对红河州 7 县（区）的 250 个土样中的根结线虫进行了危害等级分级。结果见表 1-43。

表 1-43　红河植烟区土壤根结线虫调查结果

危害等级	每 100g 土样土壤根结线虫数量（头）	土壤样品个数（个）	所占比例（％）	各县（区）分布及所占比例（％）
Ⅰ级	$0<N<10$	126	50	个旧（56）、开远（50）、泸西（50）、建水（51）、蒙自（62）、弥勒（36）、石屏（53）

（续）

危害 等级	每 100g 土样土壤根结 线虫数量（头）	土壤样品 个数（个）	所占比例 （%）	各县（区）分布及 所占比例（%）
Ⅱ级	10≤N＜20	66	26	个旧（26）、开远 （25）、泸西（35）、建 水（27）、蒙自（25）、 弥勒（26）、石屏（21）
Ⅲ级	20≤N≤30	34	14	个旧（7）、开远 （20）、泸西（11）、建 水（14）、蒙自（9）、 弥勒（21）、石屏（12）
Ⅳ级	N＞30	24	10	个旧（12）、开远 （5）、泸西（4）、建水 （8）、蒙自（5）、弥勒 （17）、石屏（14）

从表 1-43 可得出如下结论：

（1）每 100g 土壤中土壤根结线虫数量＜10 头的区域占取样总数的 50%，其中个旧占 56%、开远占 50%、泸西占 50%、建水占 51%、蒙自占 62%、弥勒占 36%、石屏占 53%。在这些区域种植 NC102 品种，烤烟移栽至团棵期若遇干旱天气，可能会导致土壤根结线虫轻度发病，但危害不严重，属于Ⅰ级危害等级。在这些区域种植 NC102 品种，可不必进行专门防治，只要进行监测即可。

（2）每 100g 土壤中土壤根结线虫数量在 10～20 头的区域占取样总数的 26%，其中个旧占 26%、开远占 25%、泸西占 35%、建水占 27%、蒙自占 25%、弥勒占 26%、石屏占 21%。在这些区域种植 NC102 品种，烤烟移栽至团棵期若遇干旱天气，可能导致土壤根结线虫中度发病，属于Ⅱ级危害等级。在这些区域可种植 NC102 品种，但要进行隔年轮作。

（3）每 100g 土壤中土壤根结线虫数量在 20～30 头的区域，占取样总数的 14%，其中个旧占 7%、开远占 20%、泸西占 11%、建水占 14%、蒙自占 9%、弥勒占 21%、石屏占 12%。在这些区域种植 NC102 品种，烤烟移栽至团棵期若遇干旱天气，可能导致土壤根结线虫重度发病，属于Ⅲ级危害等级。在这些区域仍可种植 NC102 品种，但除了进行隔年轮作外，还要进行化学防治。

（4）每 100g 土壤中土壤根结线虫数量在＞30 头的区域，占取样总数的 10％，其中个旧占 12％、开远占 5％、泸西占 4％、建水占 8％、蒙自占 5％、弥勒占 17％、石屏占 14％。在这些区域种植 NC102 品种，烤烟移栽至团棵期若遇干旱天气，可能导致土壤根结线虫高危发病，属于Ⅳ级危害等级。在这些区域建议不要种植 NC102 品种。

（四）文山烟区调查结果

文山烟区目前不种植 NC102 品种，但为了将来在文山州推广种植该品种，2010 年项目组在文山州文山、砚山、丘北、广南 4 县区的植烟土壤内，于烤烟移栽前在 0～25cm 耕层采集了 70 个土样，检测分析单位重量土样中的线虫数量（采用贝曼氏漏斗分离法），为 NC102 品种在文山州的合理布局提供理论依据。

项目组根据本研究制订的烟草根结线虫危害等级的分级方法，对文山州 4 县区的 70 个土样中的根结线虫进行了危害等级分级。结果见表 1-44。

表 1-44 文山植烟区土壤根结线虫调查结果

危害等级	每 100g 土样土壤根结线虫数量（头）	土壤样品个数（个）	所占比例（％）	分布县区（乡镇）
Ⅰ级	$0 < N < 10$	5	7	丘北（马者、双龙营）
Ⅱ级	$10 \leqslant N < 20$	9	13	丘北（双龙营）
Ⅲ级	$20 \leqslant N \leqslant 30$	13	19	文山（马塘）
Ⅳ级	$N > 30$	43	61	文山（德厚）、砚山（江那、平远）、广南（珠琳）

从表 1-44 可得出如下结论：

（1）每 100g 土壤中土壤根结线虫数量＜10 头的区域占取样总数的 7％，主要分布在丘北县马者、双龙营。在这些区域种植 NC102 品种，烤烟移栽至团棵期若遇干旱天气，可能会导致土壤根结线虫轻度发病，但危害不严重，属于Ⅰ级危害等级。在这些区域种植 NC102 品种，可不必进行专门防治，只要进行监测即可。

（2）每 100g 土壤中土壤根结线虫数量在 10～20 头的区域占取样总数的 13％，主要分布在丘北县双龙营。在这些区域种植 NC102 品种，烤烟移栽至团棵期若遇干旱天气，可能导致土壤根结线虫中度发病，属于Ⅱ级危害等级。在这些区域可种植 NC102 品种，但要进行隔年轮作。

（3）每 100g 土壤中土壤根结线虫数量在 20～30 头的区域，占取样总数的 19％，主要分布在文山市马塘。在这些区域种植 NC102 品种，烤烟移栽至团棵期若遇干旱天气，可能导致土壤根结线虫重度发病，属于Ⅲ级危害等级。在这些区域仍可种植 NC102 品种，但除了进行隔年轮作外，还要进行化学防治。

（4）每 100g 土壤中土壤根结线虫数量在＞30 头的区域，占取样总数的 61％，主要分布在文山市德厚、砚山县江那、平远、广南县珠琳。在这些区域种植 NC102 品种，烤烟移栽至团棵期若遇干旱天气，可能导致土壤根结线虫高危发病，属于Ⅳ级危害等级。在这些区域建议不要种植 NC102 品种。

十二、NC102 品种种植海拔与致香成分的相关性研究

（一）研究背景

烤烟质量特征和风格的构成与生态条件有紧密联系（戴冕，2000）。烤烟内在品质主要受烟叶中致香物质的影响，它是评价烤烟品质的主要指标，生态因素对烟叶的致香成分影响显著（周淑平等，2004）。致香成分虽然含量很低，但其对烤烟的香气影响较大（王瑞新，2003）。有研究表明，种植海拔对烤烟化学成分及香气有着较大的影响（刘宇等，2006；韩锦峰等，1993；李天福等，2005）。关于海拔对烤烟品种 K326、红花大金元、云烟 87、云烟 85、中烟 103 致香成分的影响已有报道（穆彪等，2003；程恒等，2013；常寿荣等，2009；祖朝龙等，2010；江厚龙等，2015），但探讨海拔对 NC102 烤烟品种致香成分的影响目前尚无报道。本研究以云南省昆明市 4 个县（区）的 6 个乡镇的 85 套 NC102 烟样，每套烟样取 B2F、C3F 等级烟叶各 1 个，共 170 个烟样为研究对象。经过对 NC102 烤烟品种种植海拔与上、中部烟叶致香成分含量的相关性进行深入探究，为 NC102 品种在昆明烟区的适宜种植规划提供理论依据。

（二）材料与方法

1. 样品采集

2011—2012 年，项目组使用 GPS 定位技术，在云南省昆明市石林、安宁、禄劝、西山 4 个县（区）的 6 个乡镇，NC102 品种种植区域内的 1 600～1 700m、1 800～1 900m、2 000～2 100m 和 2 200m 4 个海拔范围共布置 85 个取样点，取样点土壤类型是红壤，对应每个取样点取 1 套烟样，每套烟样取 B2F、C3F 等级烟叶各 1 个，合计采集 170 个烟样。

2. 致香成分物质的分析测定

烟样致香成分采用蒸馏萃取设备和 Agilent 6890 气相色谱/Agilent 7890GC/5975MS 气质联用仪测定。称取 30g 样品放入蒸馏萃取烧瓶中，加 30g 氯化钠和 350mL 蒸馏水，在 60℃ 水浴中加热，蒸馏萃取 2.0h；蒸馏萃取结束后，向萃取液加 1mL 内标乙酸苯乙酯溶液（0.423 6mg/mL），取 1.0mL 浓缩液，使用 Agilent 7890GC/5975MS 气质联用仪分析，经过分析并与规范质谱图对比和搜索，最终与分析室的已知化学物质进行色谱分析对照，从而判断分离出成分的化学构造（张峻松等，2008）。由于烤烟中所含致香物质的组分庞杂，种类众多，要取得各类致香物质的标准品很困难，采用 Nist03 标准图谱确定其种类，相对校订因素假设为 1（卢秀萍等，1999），根据以下公式计算出致香物质的含量。

$$香味物质提取量(\mu g/g) = \frac{香味物质峰面积 \times 内标物浓度 \times 1\,000}{内标物峰面积 \times 烟样质量 \times (1 - 含水率)}$$

$$(1-1)$$

式中，香味物质峰面积是指香味物质色谱图峰高与保留时间的积分值，表示待测物的含量，面积越大，含量越高，单位为％。内标物浓度是指加到样品、提取物或标准溶液中已知的纯物质浓度，内标物可以校准和消除由于操作条件波动对分析结果产生的影响，以提高分析结果的准确度。内标物峰面积是指内标物色谱图峰高与保留时间的积分值，单位为％。

3. GC/MS 的分析要求

色谱柱型号：HP－6MS（75m×0.4mm id×0.55μm df）；id 为色谱柱的内径，df 为色谱柱液膜厚度。入口温度为 270℃；送样数量为 3μL；分流比例为 12∶1；载气速率为（He），1.2mL/min；升温顺序为 60℃

(2min) $\xrightarrow{4℃/min}$ 280℃ （25min）。质谱传输线温度为270℃；源电子能量为65eV；倍增器电压为1 640V；扫描跨度为40～500u，u 为原子质量单位；离子源温度为220℃；四极杆温度为160℃（Cai et al.，2002）。

4. 数据处理

采用统计分析软件 DPS15.0 进行分析。双变量相关统计分析使用相关模块分析，5%显著用"*"表示，1%显著用"**"表示（唐启义，2010）。

（三）结果及分析

1. 致香成分与种植海拔的相关系数

NC102 烤烟品种 42 个烟叶致香成分物质数据通过分析测试获得后，用 DPS 统计分析软件对整个数据样本开展基础统计特征值评估，指标基本上符合正态分布。将各个海拔段采集的 170 个 NC102 品种烟样的致香物质含量与其对应的海拔高度值开展相关性检测，获得了 NC102 烤烟品种各种致香成分与种植海拔的相关系数。从表 1-45 的数据看出，B2F 等级烟叶中正戊醛、香叶醇含量与种植海拔间呈极显著的负相关关系，3-羟基-2-丁酮、糠醛、2-乙酰基呋喃、芳樟醇、香叶基丙酮和 3-羟基-β-大马酮与种植海拔间呈显著的负相关关系。C3F 等级烟叶中 3-甲基-2-（5H）-呋喃酮含量与种植海拔间呈极显著的负相关，正戊醛、苯甲醛、2-戊基呋喃和芳樟醇与种植海拔间呈显著的负相关。

表 1-45　NC102 品种烟叶各致香成分与种植海拔的相关系数

致香成分	B2F	C3F	致香成分	B2F	C3F
1-羟基-2-丙酮	-0.626	-0.558	芳樟醇	-0.961*	-0.964*
2,3-戊二酮	-0.852	0.566	壬醛	-0.683	-0.442
正戊醛	-0.995**	-0.954*	3-乙酰基吡啶	-0.546	-0.111
3-羟基-2-丁酮	-0.981*	-0.623	β-苯乙醇	-0.623	-0.611
吡啶	-0.828	-0.225	3,5-二甲基苯酚	-0.458	0.899
异戊烯醛	-0.483	0.293	藏红花醛	-0.653	-0.465
异戊烯醇	-0.707	-0.680	β-环柠檬醛	0.556	-0.530
己醛	-0.935	-0.899	2,6,6-三甲基-2-环戊烯-1,4-二酮	-0.674	0.743
糠醛	-0.976*	-0.075	香叶醇	-0.998**	-0.411
糠醇	-0.812	0.017	吲哚	-0.739	-0.755

（续）

致香成分	B2F	C3F	致香成分	B2F	C3F
2-环戊烯-1，4-二酮	−0.942	−0.094	烟碱	0.773	0.811
2-乙酰基呋喃	−0.960*	−0.354	4-蒈烯	−0.143	0.698
γ-丁内酯	−0.641	0.716	香叶基丙酮	−0.966*	−0.913
5-甲基糠醛	−0.798	0.094	2，6-二叔丁基对甲基苯酚	−0.687	−0.628
苯甲醛	−0.856	−0.987*	巨豆三烯酮	−0.475	−0.707
3-甲基-2-（5H）-呋喃酮	−0.897	−0.994**	3-羟基-β-大马酮	−0.975*	−0.855
6-甲基5-庚烯2-酮	−0.926	−0.771	新植二烯	−0.443	0.607
2-戊基呋喃	−0.634	−0.961*	棕榈酸	−0.880	−0.934
E，E-2，4-庚二烯醛	−0.934	−0.222	石竹烯	−0.862	0.915
苯乙醛	−0.830	−0.871	正二十烷	0.634	0.784
2-乙酰基吡咯	−0.472	−0.643	正二十八烷	0.564	0.712

注：表中**表示在1%的水平上达到显著，*表示在5%水平上达到显著。

2. 种植海拔对NC102烤烟品种各致香成分的影响

把NC102烤烟品种种植海拔依照从低到高的次序，分为1 600～1 700m、1 800～1 900m、2 000～2 100m和2 200m，计算上述11个物质在每个海拔的平均值，并将B2F等级烟叶中正戊醛、香叶醇、3-羟基-2-丁酮、糠醛、2-乙酰基呋喃、芳樟醇、香叶基丙酮和3-羟基-β-大马酮和C3F烟叶中3-甲基-2-（5H）-呋喃酮、正戊醛、苯甲醛、2-戊基呋喃和芳樟醇的数值与种植海拔之间的关系进行作图，见图1-3和图1-4。

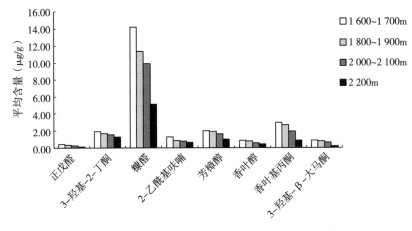

图1-3　种植海拔与B2F等级烟叶中致香成分的关系

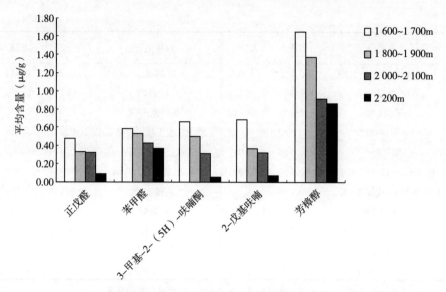

图 1-4　种植海拔与 C3F 等级烟叶中致香成分的关系

从图 1-3 可以看出，NC102 烤烟品种 B2F 等级烟叶中正戊醛、3-羟基-2-丁酮、糠醛、2-乙酰基呋喃、芳樟醇、香叶醇、香叶基丙酮和 3-羟基-β-大马酮的含量平均值随种植海拔升高降低明显，在 1 600～1 700m 和 1 800～1 900m 海拔段表现突出。

从图 1-4 可以看出，NC102 烤烟品种 C3F 等级烟叶中正戊醛、苯甲醛、3-甲基-2-（5H）-呋喃酮、2-戊基呋喃、芳樟醇的含量平均值随种植海拔升高降低明显，在 1 600～1 700m 和 1 800～1 900m 海拔段表现突出。

3. 种植海拔对 NC102 烤烟品种各类致香成分的影响

致香物质因为官能团的差异被分为 7 类，以此找出各类致香物质含量与种植海拔的相关系数，见表 1-46。

表 1-46　NC102 烤烟品种各类致香成分与种植海拔间的相关系数

致香成分	B2F	C3F
酮类	−0.233	0.031
醇类	−0.237	0.277
醛类	−0.781**	0.095
酯类	−0.341	0.914**
酚类	−0.043	−0.037

（续）

致香成分	B2F	C3F
呋喃类	−0.392	0.168
杂环类	−0.043	−0.026

注：表中**表示在1%的水平上达到显著，*表示在5%水平上达到显著。

从表1-46可以看出，NC102烤烟品种上部烟叶的醛类致香物质与种植海拔呈极显著负相关；中部烟叶的酯类致香物质与种植海拔呈极显著正相关。

从图1-5、图1-6所示，通过一元线性回归分析进行回归探索，找到NC102品种上部烟叶醛类致香物质与种植海拔的一元线性回归方程为 $y=94.7319-0.0353x$，中部烟叶酯类致香物质与种植海拔的一元线性回归方程为 $y=-75.8251+0.0587x$。

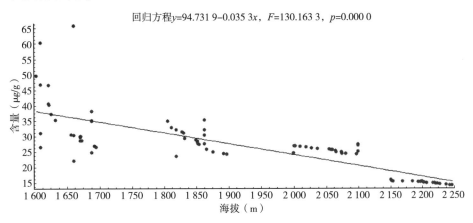

回归方程 $y=94.7319-0.0353x$，$F=130.1633$，$p=0.0000$

图1-5　NC102烤烟品种B2F烟叶醛类致香物质与种植海拔的关系

（四）讨论

（1）NC102品种在昆明烟区海拔1 600～2 200m范围内，种植海拔与NC102品种上部叶的正戊醛、香叶醇含量间呈极显著的负相关关系，种植海拔与NC102品种上部叶的3-羟基-2-丁酮、糠醛、2-乙酰基呋喃、芳樟醇、香叶基丙酮和3-羟基-β-大马酮含量间表现为显著的负相关关系。种植海拔与NC102品种中部叶的3-甲基-2-（5H）-呋喃酮含量间呈极显著的负相关关系，这与前人的研究结果相同（常寿荣等，2009）；种植海拔与NC102品种中部叶的正戊醛、苯甲醛、2-戊基呋喃和芳樟醇

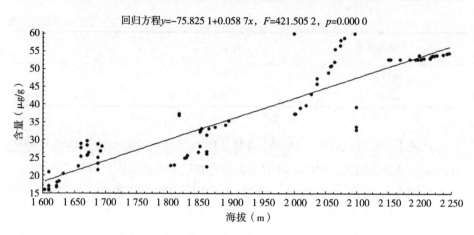

图 1－6　NC102 烤烟品种 C3F 烟叶酯类致香物质与种植海拔的关系

含量间呈显著的负相关关系。综上所述，正戊醛和芳樟醇在中部叶和上部叶中的含量都与种植海拔间呈显著的负相关关系，说明这两种致香物质含量不受烟叶部位的影响。其他致香物质在不同部位烟叶的含量可能受到光照、降水的影响呈现出差异性的结果。

　　（2）香叶基丙酮、3-羟基-β-大马酮是类胡萝卜素的降解产物，可以看出在低海拔地区种植的 NC102 烤烟品种上部烟叶相比高海拔地区积累更多类胡萝卜素，这与常寿荣等人的研究结果相反，可能是种植海拔对于不同的烤烟品种影响有所差异造成的。3-甲基-2-（5H）-呋喃酮、3-羟基-2-丁酮、2-戊基呋喃、糠醛普遍被认为是美拉德反应的产物（王瑞新，2003），能够看出在高海拔区域种植的 NC102 烤烟品种中上部烟叶较低海拔地区美拉德反应的产物含量有所下降，这与前人的研究结果相同（常寿荣等，2009）。

　　（3）从各类致香成分统计结论可以看出，在 1 600～2 200m 海拔范围内的昆明植烟区，种植海拔与大部分致香成分之间并无显著相关性，因此得出，有众多的生态因子可以影响烟叶中致香物质的含量（程昌新等，2005），需要分别研究多个因素。对致香物质种类而言，NC102 烤烟品种上部烟叶的醛类致香物质与种植海拔呈极显著负相关，一元线性回归方程为 $y=94.731\ 9-0.035\ 3x$；中部烟叶的酯类致香物质与种植海拔呈极显著正相关，这与前人的研究结果相同（张峻松等，2008），一元线性回归方程为 $y=-75.825\ 1+0.058\ 7x$。

（4）烟叶的致香成分是评估卷烟质量的重要标准（王瑞新，2003），进一步认识海拔等生态要素对 NC102 烤烟品种烟叶品质的影响将有助于深入探索其致香成分的形成路径及转变规律，为优化 NC102 烤烟品种的种植规划提供可靠的理论支撑。

十三、NC102 品种不同部位烟叶最适采收叶龄试验研究

（一）研究背景

烟叶成熟度被认为是影响烟叶质量因素中的首要因素，也是保证和提高烤后烟叶品质及其工业可用性的前提（陈乾锦等，2020）。左天觉（1993）研究认为，成熟采收对烟叶品质的贡献占整个烤烟生产技术环节的贡献超过 1/3。通常所说烟叶成熟度包含田间鲜烟叶的熟度和调制成熟度两方面，其中田间鲜烟叶成熟度是烟叶在田间生长发育过程中所表现出来的成熟度（叶为民等，2013）。田间鲜烟叶的采收成熟度与烤烟烟叶品质有密切关系，而田间鲜烟叶的植物学性状是直观判断烟叶成熟度的关键因子，因此筛选到田间鲜烟叶最佳采烤成熟度及烟叶成熟时期关键植物学形态对提高烟叶的品质具有举足轻重的作用（曾祥难等，2013；赵铭钦等，2008；赵铭钦等，2013）。

由此，笔者研究了不同采收成熟度对 NC102 品种烟叶烘烤质量形成的原因，为制定符合 NC102 品种质量风格的成熟采收技术标准，以及提高 NC102 品种烟叶的烘烤质量提供参考依据。

（二）试验设计

试验安排在石林县板桥镇小屯村委会。各选 3 户烟叶生长正常、烘烤技术好的农户，对 NC102 品种的下部叶、中部叶、上部叶分别进行不同采收叶龄采烤的试验。

每个采收叶龄选择 300 株烟进行采烤，共计 900 株烟。以下部叶 4～6 叶位、中部叶 10～12 叶位、上部叶 16～18 叶位分别代表下部、中部、上部叶，每次采 600～700 片鲜烟叶进行烘烤。

NC102 品种的采收叶龄下部叶分别设 50d、57d、64d 3 个处理；中部叶分别设 64d、71d、78d 3 个处理；上部叶分别设 85d、92d、99d 3 个处理。

同时对不同部位不同采收叶龄烟叶进行外观特征描述，其中包括烟叶落黄程度、主支脉变黄程度、茸毛脱落程度、成熟斑、焦边焦尖及枯斑的描述。各处理烘烤结束后统计上中等烟比例及杂色烟比例，且对每个部位每个采收叶龄取 1 个烟样（2kg），进行烟叶的常规化学成分分析和感官质量评价，以便找出 NC102 品种烟叶的最适宜采收叶龄。

（三）试验结果及分析

1. 不同部位不同采收叶龄的烟叶外观特征描述

从表 1-47 可看出，NC102 品种烟叶外观显示的最适采收叶龄分别是：下部叶 57d，中部叶 71d，上部叶 92d。

表 1-47　NC102 品种不同采收叶龄的烟叶外观特征描述

处理	叶龄(d)	落黄程度	主枝脉变白程度	茸毛脱落程度	成熟斑	焦边焦尖	枯斑
	50	青片带黄	叶缘支脉和叶片同色	稍有	无	无	无
下部叶	57	青黄各半	1/3～1/2 变白	有	稍有	稍有焦尖	稍有
	64	黄多青少	1/2～2/3 变白	有	稍有	稍有焦尖	有
	64	青黄各半	1/3～1/2 变白	有	有	有焦尖	稍有
中部叶	71	黄多青少	1/2～2/3 变白	多	有	有焦尖	稍有
	78	叶片全黄	2/3 以上变白	多	有	有焦尖	稍有
	85	青黄各半	1/2 变白	有	稍有	稍有焦尖	稍有
上部叶	92	黄多青少	1/2～2/3 变白	有	有	有焦尖	有
	99	叶片全黄	全白	多	多	有焦尖	有

2. 不同部位不同采收叶龄的烤后烟叶经济性状比较

从表 1-48 可看出，NC102 品种在下部叶叶龄 57d、中部叶叶龄 71d、上部叶叶龄 92d 时采烤的烟叶上中等烟比例最高，杂色烟和微带青烟比例最低。

表 1-48　NC102 品种不同采收叶龄对烟叶经济性状的影响

处理	叶龄(d)	上中等烟比例(%)	杂色烟比例(%)	微带青烟比例(%)
	50	44.4	55.6	20.6
下部叶	57	87.1	12.9	0
	64	43.8	56.2	0

（续）

处理	叶龄 (d)	上中等烟比例 (%)	杂色烟比例 (%)	微带青烟比例 (%)
中部叶	64	45.3	54.7	13.7
	71	98.5	1.5	0
	78	39.3	60.7	0
上部叶	85	23.7	76.3	6.2
	92	97.0	3.0	0
	99	42.6	57.4	0

3. 不同部位不同采收叶龄的烤后烟叶内在化学成分比较

从表 1-49 可看出，NC102 品种在下部叶叶龄 57d、中部叶叶龄 71d、上部叶叶龄 92d 采烤的相应部位烟叶常规化学成分更协调，符合《云南中烟工业公司企业标准》（Q/YZY1—2009）烤烟主要内在化学指标要求。

表 1-49　NC102 品种不同采收叶龄对烤后烟叶常规化学成分的影响

处理	叶龄 (d)	总氮 (%)	烟碱 (%)	总糖 (%)	还原糖 (%)	钾 (%)	氯 (%)	氮碱比	糖差
下部叶	50	1.59	1.48	23.27	21.63	1.54	1.15	1.1	1.6
	57	1.77	1.74	29.03	25.32	1.96	0.46	1.0	3.7
	64	1.36	1.29	26.76	21.43	1.34	0.89	1.1	5.3
中部叶	64	1.31	1.88	22.68	18.00	1.36	0.75	0.7	4.7
	71	1.91	2.33	28.19	26.55	1.81	0.38	0.8	1.6
	78	1.30	1.71	23.15	17.87	1.26	0.68	0.8	5.3
上部叶	85	1.87	2.55	22.08	18.48	1.21	0.64	0.7	3.6
	92	2.47	3.08	25.95	24.91	1.61	0.50	0.8	1.0
	99	1.79	2.50	21.07	19.83	1.11	0.72	0.7	1.2

4. 不同部位不同叶龄采收的烤后烟叶感官质量评价

从表 1-50 可看出，NC102 品种在下部叶叶龄 57d、中部叶叶龄 71d、上部叶叶龄 92d 采烤的烟叶感官质量评价总分高于相应部位的其他采收叶龄采烤的烟叶。

表 1 - 50　NC102 品种不同叶龄采收对烤后烟叶感官质量的影响

处理	叶龄（d）	香气量	香气质	口感	杂气	总分	劲头
	50	11.0	51.0	12.5	6.0	80.5	5
下部叶	57	13.0	53.0	13.5	7.5	87.0	5
	64	12.0	51.5	13.0	6.0	82.5	5
	64	12.5	51.5	12.0	6.0	82.0	6
中部叶	71	13.0	55.0	14.0	7.0	89.0	6
	78	12.5	54.0	13.0	6.0	85.5	6
	85	13.0	52.0	12.5	6.0	83.5	6.5
上部叶	92	13.5	53.5	13.0	7.5	87.5	6.5
	99	13.0	52.5	13.0	6.0	84.5	6.5

（四）结论

NC102 品种的最适采收叶龄为下部叶 57d、中部叶 71d、上部叶 92d。

十四、NC102 品种烘烤工艺试验研究

（一）研究背景

烟叶烘烤是影响烟叶品质的关键步骤，变黄期是基础，定色期和干筋期是稳定烟叶化学成分和感官质量、香气量、香气质和刺激性等的重要时期（刘国顺，2003）。变黄期是增进和改善烟叶风格特点的重要阶段，此时期是烟叶大分子物质降解、小分子物质形成的重要时期，也是烟叶外观质量形成的关键时期（刘腾江等，2015）；定色阶段是终止烟叶内部生理变化、固定烟叶品质并增进烟叶香气的工艺过程，也是烟叶品质形成的最为关键时期，这个阶段也是技术操作最难以掌控的时期（王松峰等，2012；詹军等，2012）。因此，在变黄和定色阶段，若烘烤不当，会严重影响烟叶的外观和内在品质以及经济价值（王伟宁等，2013），关于烘烤的研究也多集中于这两个阶段。当变黄期和定色期均延长 12h 时，能有效提高烤后烟叶的品质（江厚龙等，2012）。延长变黄和定色时间各 24h 能够有效促进新植二烯的积累；只延长变黄时间 24h，烟叶的中性致香成分含量均明显增加；只延长定色时间 24h 不利于香气质的形成（张真美等，

2016）；变黄后期的烘烤时间延长 11h、定色后期烘烤时间延长 4h，能够有效提高上中等烟的比例，改善烟叶外观和内在品质（赵文军等，2015）。一般情况下，在上部烟叶烘烤过程中，烟叶在变黄期达到变黄要求后再延长 8～12h，能够有效避免烟叶烤青。本文以 NC102 品种为试验对象，对变黄期与升温速度技术进行初步探索，旨在为 NC102 品种烟叶精准烘烤工艺的实施提供一定的理论依据。

（二）试验设计

试验安排在石林县板桥镇马街村委会，选择标准化立式炉平板式烤房及烤烟生长良好、正常落黄成熟的 NC102 品种种植农户进行烟叶烘烤试验。试验分别用 NC102 品种的中部和上部叶烘烤 3 炉：

（1）第 1 炉参照 K326 品种烟叶烘烤曲线进行烘烤，记录烘烤过程中烟叶和温湿度变化情况，对出炉干烟叶进行质量评价。

（2）第 2 炉根据第 1 炉烘烤过程中烟叶变化情况及出炉烟叶质量评价进行干湿球温度的修正和排湿速度的调整，开展烘烤并作相应记录。

（3）第 3 炉根据第 2 炉烘烤过程中烟叶变化情况及出炉烟叶质量评价进行干湿球温度的修正和排湿速度的调整，开展烘烤并作相应记录。最终通过总结中部和上部叶的各 3 炉烘烤记录找出 NC102 品种烟叶的最佳烘烤工艺曲线。

（三）试验结果及分析

1. 中部叶烘烤试验结果及分析

从表 1-51 可看出，中部叶第 1 炉烤后上等烟比例、上中等烟比例、正组烟比例及均价较低，微带青烟比例较高。其原因主要是变黄期升温慢，温度偏低，导致变黄速度慢，烟叶未达到变黄要求就转入定色；干叶期升温过快，排湿速度过快，引起湿度降低，干湿球温差过大，导致烤后出现微带青烟叶比例高。

中部叶第 2 炉采取"变黄期适当加快升温速度，待烟叶达到变黄目标且干湿差＜2℃时，才开始排湿，变黄中后期、干叶期前期适当增加稳温时间"的烘烤原则，使上等烟比例、上中等烟比例、正组烟比例及均价较第 1 炉都有了较大提高，微带青烟比例明显降低。

表1-51　中部叶烤后烟叶等级结构及经济性状调查表

烘烤炉数	上等烟比例（%）	上中等烟比例（%）	正组烟叶比例（%）	杂色烟比例（%）	微带青烟比例（%）	均价（元/kg）
第1炉	33.56	87.54	33.56	6.98	53.98	12.91
第2炉	56.52	97.87	92.17	2.13	5.70	15.99
第3炉	66.49	99.21	99.21	0.79	0	16.93

　　中部叶第3炉采取"适当延长变黄期的稳温时间，严格控制湿球温度，根据湿球温度确定干球温度"的烘烤原则，上等烟比例、上中等烟比例、正组烟比例及均价较第2炉有一定程度的提高，微带青烟比例降至零，因此可以认为中部叶第3炉的烘烤工艺是科学合理的。

　　中部叶第1炉、第2炉、第3炉的烘烤曲线分别见图1-7、图1-8、图1-9。

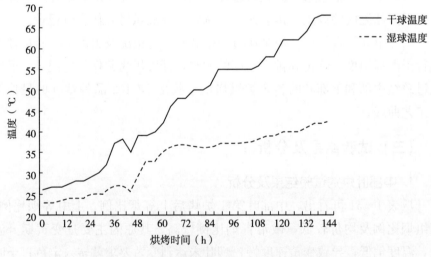

图1-7　NC102中部叶烘烤工艺图（第1炉）

2. 上部叶烘烤试验结果及分析

　　从表1-52可看出，上部叶第1炉烤后上等烟比例、上中等烟比例、正组烟比例及均价较低，杂色烟比例较高。其原因主要是干叶期升温速度较快，温度波动大，短时间无法大量排湿，导致烤房内湿度偏高，使烤后烟叶杂色烟较多。

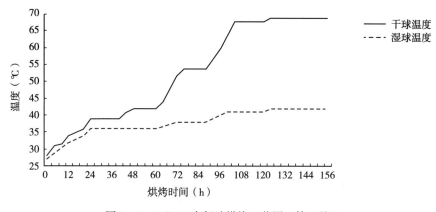

图 1-8　NC102 中部叶烘烤工艺图（第 2 炉）

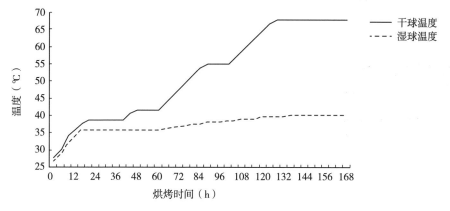

图 1-9　NC102 中部叶烘烤工艺图（第 3 炉）

表 1-52　上部叶烤后烟叶等级结构及经济性状调查表

烘烤炉数	上等烟比例（%）	上中等烟比例（%）	正组烟叶比例（%）	杂色烟比例（%）	均价（元/kg）
第 1 炉	43.15	83.79	83.79	16.21	13.38
第 2 炉	62.21	89.31	89.31	10.69	15.18
第 3 炉	63.90	99.47	99.47	0.53	16.20

　　上部叶第 2 炉采取"变黄期平稳升温，变黄后期、干叶前期稳住干球温度，调整湿球温度"的烘烤原则，上等烟比例、上中等烟比例、正组烟比例及均价较第 1 炉都有了较大提高，杂色烟比例明显降低。

　　上部叶第 3 炉采取"适当延长变黄期的稳温时间，严格控制湿球温度，各阶段升温速度平稳"的烘烤原则，上等烟比例、上中等烟比例、正组烟比例及均价较第 2 炉有一定程度的提高，杂色烟比例降至 0.53%，因此认为上部叶第 3 炉的烘烤工艺是科学合理的。

　　上部叶第 1 炉、第 2 炉、第 3 炉的烘烤曲线分别见图 1 - 10、图 1 - 11、图 1 - 12。

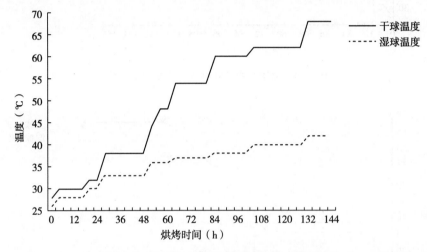

图 1 - 10　NC102 上部叶烘烤工艺图（第 1 炉）

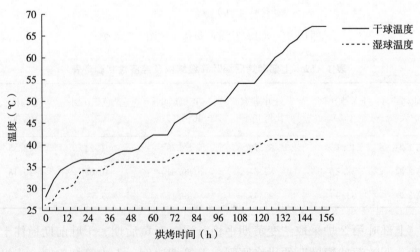

图 1 - 11　NC102 上部叶烘烤工艺图（第 2 炉）

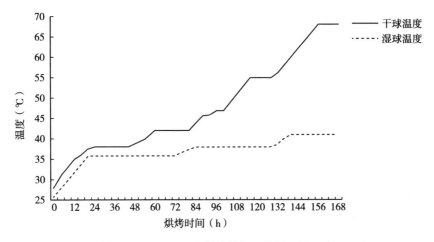

图 1-12　NC102 上部叶烘烤工艺图（第 3 炉）

（四）结论

通过对 NC102 品种中部叶和上部叶各进行 3 炉烘烤试验，总结出了一套适宜该品种烟叶的烘烤工艺曲线。经第 2 年烘烤验证试验证明，这套 NC102 品种烟叶的烘烤工艺是科学合理的。现将 NC102 品种烟叶的主要烘烤技术措施归纳如下：

1. 变黄期

装烟后关闭地洞，天窗打开 10%，烧火让气流上升，待气流上升至烤房顶部，关闭天窗。用 2～3h 使干球温度上升至 30℃，干湿球温度差保持 1～2℃。然后以每小时 1℃的速度使干球温度上升至 35～36℃，并稳温，干湿球温度差保持 1～2℃。待底台烟叶叶尖 1 成黄时，再以每小时 1℃的速度使干球温度上升至 38℃，并稳温，干湿球温度差保持 2～3℃，直到底台烟叶 7～9 成黄，叶片发软（上部叶在这个温度要稳温并适当延长时间）。干球温度再以每小时 0.5℃的速度上升至 40～42℃，并稳温，干湿球温度差保持 4～5℃，直至底台烟叶全黄，主脉发软，叶尖卷曲（小卷筒）（上部叶在这个温度要稳温并适当延长时间）。此时可逐渐打开天窗和地洞进行排湿，但要注意速度不能太快。

2. 定色期

干球温度以每小时 0.5℃的速度上升至 46～47℃，并稳温，湿球温度保持在 37~38℃，待底台烟叶进入大卷筒，顶台烟叶全黄。然后干球温度以每小时 1℃ 的速度上升至 54~55℃，并稳温，湿球温度保持在39~40℃。

3. 干筋期

干球温度再以每小时 1℃ 的速度上升至 65~68℃，并稳温，湿球温度保持在 39~41℃，直至全炉烟叶干筋，最终干球温度不能超过 68℃。

十五、NC102 品种烟叶打叶复烤及制丝等加工性能试验研究

（一）研究背景

烟叶复烤是烟叶质量进一步形成的关键环节，对卷烟使用原料质量的稳定和提升具有重要作用，复烤段可分为 3 个阶段：干燥段、回潮段、冷却段。干燥段的主要工艺任务是升温干燥，使进入复烤段的烟叶含水率 16% 左右降至 10% 左右。国内的打叶复烤生产线主要采用热风干燥，通过热风与叶片接触，带走叶片中的水分，调节烟叶的含水率。烟叶在复烤段经过升温增湿等处理，其内部化学成分不断散发至复烤环境中，形成烟草逸出物并发生一系列的变化（张燕等，2003；胡有持等，2004）。国内外的打叶复烤研究认为：一是随复烤温度的升高，复烤后中下部烟的大中片率呈降低的趋势，叶片失水收缩状况明显，烤后片烟的含水率波动减小，均匀性提高；二是当复烤温度较低时，烟叶中主要致香成分的含量较高，较低的复烤温度有利于烟叶香气量的保持；三是随复烤温度的升高，中下部烟叶的刺激性有所增加，而上部叶变化不明显。生产现场发现，较高的复烤温度下整个生产环境中弥漫的烟草香味（烟草逸出物成分）会比较浓郁；而较低的复烤温度下环境中的香味会显得比较淡薄（简辉等，2006；廖惠云等，2006；唐春平，2009）。由此也可以看出，复烤温度对烟叶质量的变化有着明显的影响。

为此，笔者围绕卷烟品牌对烟叶原料的质量和数量需求，开展了 NC102 复烤和制丝加工工艺参数优化技术验证，旨在建立适应 NC102 品种发展的加工工艺和加料技术，最大限度满足品牌配方对原料的质量和数量需求。

（二）材料与方法

美引烤烟品种 NC102 和对照 K326 烟叶。样品为昆明、红河、玉溪、大理 4 个地区的混合样。复烤耐加工试验按照打叶烟叶质量检验 YC/T 147—2010 行业标准进行。制丝耐加工试验按照烟叶打叶复烤工艺规范 YC/T146—2010 行业标准进行。

（三）结果与分析

1. 复烤耐加工试验

NC102 品种的含梗率均略高于 K326，出片率略低于 K326。通过对 NC102/K326 打叶复烤后的片烟对比评吸，项目组认为复烤加工后 NC102 品种烟叶的香气风格特征保持较好，香气足、杂气轻。试验结果表明 NC102 品种烟叶的耐复烤加工强度符合要求。

2. 制丝耐加工试验

润叶阶段检测结果表明：NC102 吸湿性比 K326 稍弱。同样的润叶条件 NC102 润叶后水分平均比 K326 低。烟丝结构与加工消耗检测表明：NC102 抗机械加工强度优于 K326。尽管润叶后 NC102 的切丝水分与 K326 相比偏低，但其烟丝结构略好于 K326，同时出丝率高于 K326，碎丝率低于 K326，证明 NC102 抗机械加工能力较强。NC102 烟丝填充值高于 K326，高出程度达 21.5%。NC102 端部落丝量略高于 K326 但是 NC102 变异较小，K326 变异较大。NC102 与 K326 烟气指标差异不大。

十六、NC102 品种关键配套生产技术

（一）合理布局

云南省北纬 23°～26°、海拔 1 600～2 000m 的纬度与海拔交汇区域，是 NC102 品种的最适宜种植区域。NC102 品种适宜土壤类型为红壤和水稻土，适宜土壤质地为沙土、壤土和黏土。

（二）坚持轮作

（1）品种轮换种植顺序推荐为 NC102 - K326 -云烟 87。

（2）田块轮作推荐为田烟最好与水稻轮作；地烟最好与玉米轮作。

（3）前茬作物推荐为空闲或绿肥，其次考虑麦类、荞等其他作物。

（三）覆膜栽培

（1）地膜要求。透光率在 30% 以上的黑色地膜，厚度 0.008～0.014mm，宽度 1～1.2m。

（2）开孔。移栽后注意在膜上两侧（非顶部）分别开一直径 3～5cm 小孔，以降低膜下温度，防止膜下温度过高灼伤烟苗。

（3）掏苗。观察膜下小苗生长情况，以苗尖生长接触膜之前为标准，把握掏苗关键时间，一般在移栽后 10～15d，掏苗时间选择在阴天、早上 9 点之前或下午 5 点之后。

（4）破膜培土。在移栽后 30～40d 进行（雨季来临时）2 000m 以下海拔烟区进行完全破膜、培土和施肥，2 000m 以上海拔可以采用不完全破膜、培土和施肥。

（5）查塘补缺。移栽后 3～5d 内及时查苗补缺，并用同一品种大小一致的烟苗补苗，确保苗全苗齐。膜下小苗在掏苗结束后及时采用备用苗进行补苗。

（四）适时早栽

（1）最适宜移栽时间。膜下小苗 4 月 15 日—4 月 25 日；膜上壮苗移栽 4 月 15 日—5 月 5 日。膜下小苗在合理移栽期内（4 月 15 日—4 月 30 日），2 000m 及以下海拔段可以适当推迟膜下小苗移栽时间，2 100m 及以上海拔应该尽量提前移栽。

（2）不同区域膜下小苗最适宜移栽时间。红河 4 月 15 日—5 月 5 日、昆明 4 月 15 日—5 月 5 日、曲靖 4 月 10 日—4 月 30 日、保山 4 月 25 日—5 月 15 日。

（3）移栽要求及技术。

①苗龄控制在 30～35d，苗高 5～8cm，4 叶一心至 5 叶一心，烟苗清秀健壮，整齐度好。

②膜下小苗育苗盘标准为 300～400 孔。

③膜下小苗移栽塘标准及移栽规格为塘直径 35～40cm，深度 15～

20cm；株距 0.5～0.55m，行距 1.1～1.2m。

④移栽浇水。移栽时浇水：每塘 3～4kg；第 1 次追肥时浇水：即在移栽后 7～15d（掏苗时）浇水 1kg 左右；第 2 次追肥时浇水：即移栽后 30～40d（破膜培土）浇水 1～2kg。

（五）合理施肥

施纯氮 97.5kg/hm²，施农家肥 7 500～9 000kg/hm²，N：P_2O_5：K_2O＝1：1：3.0。

（六）加强病害综合防治

NC102 中感根结线虫病、赤星病和气候性斑点病，重点防治根结线虫病。

（1）农业保健措施。选无病虫壮苗移栽，及时提沟培土，减少田间积水，创造有利于烟株生长的田间小气候，增强烟株抗病性。保持田间卫生和通风透光，及时拔除病株、清除病叶和田间杂草，减少病害滋生。

（2）物理防治。可采用灯光诱杀蝼蛄成虫、地老虎等，或采用杨树枝条绑挂在竹竿上诱捕，也可采用人工捕杀的方法消灭一些害虫。

（3）药剂防治措施。烤烟移栽前采用 10％噻唑磷颗粒剂与塘土拌匀，防治烤烟根结线虫。赤星病多发生在烟株封顶后，发病前喷 1：160 倍的波尔多液预防，发病初期喷 40％菌核净可湿性粉剂 500 倍液，每隔 7d 喷 1 次，共喷 2 次。气候性斑点病可喷施 80％代森锰锌可湿性粉剂 800 倍液或 0.5％硫酸锰 1～2 次，对因缺锰产生的气候性斑点病防治效果较好。

（七）适时封顶、合理留叶

NC102 适宜留叶数 20，在现蕾期打顶。

（八）成熟采收

NC102 品种在下部叶叶龄 57d、中部叶叶龄 71d、上部叶叶龄 92d 时采烤的烟叶上中等烟比例最高，杂色烟和微带青烟比例最低。

（九）烘烤工艺

1. 变黄期

装烟后关闭地洞，天窗打开 10%，烧火让气流上升，待气流上升至烤房顶部，关闭天窗。用 2～3h 使干球温度上升至 30℃，干湿球温度差保持 1～2℃。然后以每小时 1℃ 的速度使干球温度上升至 35～36℃，并稳温，干湿球温度差保持 1～2℃。待底台烟叶叶尖一成黄时，再以每小时 1℃ 的速度使干球温度上升至 38℃，并稳温，干湿球温度差保持 2～3℃，直至底台烟叶七至九成黄，叶片发软（上部叶在这个温度要稳温并适当延长时间）。干球温度再以每小时 0.5℃ 的速度上升至 40～42℃，并稳温，干湿球温度差保持 4～5℃，直至底台烟叶全黄，主脉发软，叶尖卷曲（小卷筒）（上部叶在这个温度要稳温并适当延长时间）。此时可逐渐打开天窗和地洞进行排湿，但要注意速度不能太快。

2. 定色期

干球温度以每小时 0.5℃ 的速度上升至 46～47℃，并稳温，湿球温度保持在 37～38℃，待底台烟叶进入大卷筒，顶台烟叶全黄。然后干球温度以每小时 1℃ 的速度上升至 54～55℃，并稳温，湿球温度保持在 39～40℃。

3. 干筋期

干球温度再以每小时 1℃ 的速度上升至 65～68℃，并稳温，湿球温度保持在 39～41℃，直至全炉烟叶干筋，最终干球温度不能超过 68℃。

第二章 NC297 烤烟品种

一、引育过程

NC297 品种是 1998 年由美国金叶种子公司育成的杂交 F1 代品种，2000 年通过北卡罗来纳州官方品种试验，2001 年由北卡罗来纳州官方推荐试种。2005 年从金叶种子公司引入我国，其亲本以 GH99 - 618×GH99 - 617为父本，以 GH99 - 618×GH99 - 617 为母本。

二、在原产地的情况

2000—2003 年在北卡罗来纳州官方品种试验中，NC297 品种抗黑胫病、青枯病、TMV、南方根结线虫（1 号和 3 号小种）；产量高，与 NC72 产量类似；易烘烤，等级指数为 71，产量 3 240kg/hm²，有效叶 20 片，株高 96.52cm，开花时间为移栽后 67d，叶距 5.46cm。均价 3.93 美元/kg。成熟期中等，还原糖 16.62％，烟碱 2.66％，糖碱比 7.18。

在美国北卡罗来纳州的种植比例：2001 年为 8％，2002 年为 7％，2003 年为 8％，2004 年为 9％。

三、推广种植及在卷烟工业中的应用

目前 NC297（图 2 - 1）仅在云南种植，在玉溪、红塔山、云烟、红河高端产品中应用该品种烟叶。

2007—2013 年，云南中烟工业有限责任公司在云南省昆明、曲靖、红河、文山、保山、普洱、玉溪、楚雄、大理、昭通 10 市（州）55 县种植 NC297 品种 7.75 万 hm²。

图 2-1 NC297 品种大田生产

四、NC297 品种特征

（一）生物学及农业特性

1. 生物学特性

NC297 品种（图 2-2）田间整齐度好，生长势强，株式塔型，叶色绿，茎叶角度中等，叶形长椭圆，叶面较皱，叶耳中，叶尖渐尖，叶缘波浪状，主脉粗细中等，叶片厚薄适中，花序集中，花冠粉红色。自然株高 130～150cm，打顶株高 95～120cm，自然叶数 25～26，有效叶数 20～22，茎围 9.6cm，节距 4.5cm，腰叶长 79.8cm，腰叶宽 28.5cm，移栽至中心花开放期 60d 左右，大田生育期 115～120d。

2. 抗病性

NC297 品种抗黑胫病、烟草花叶病毒病、青枯病和根结线虫病，中感赤星病。

3. 抗逆性

NC297 品种抗旱性、抗涝性等较强，适应性较广。

图 2－2　NC297 品种生物学性状

4. 经济性状

NC297 品种平均产量 2 175～2 475kg/hm²，上等烟 40％左右，上中等烟比例 95％左右，各项经济指标优于对照 K326，或与对照 K326 相当。

（二）栽培技术要点

NC297 品种耐肥性较好，在中等肥力土壤以施纯氮 105～120kg/hm² 为宜，N∶P_2O_5∶K_2O=1∶1∶（2.5～3）较适宜，在对钾肥需求敏感的现蕾期，喷施 2～3 次高效钾肥。

（三）烘烤技术要点及特性

NC297 品种易烘烤，变黄与脱水速度较协调，容易变黄和定色，烤后烟叶黄烟率高。下部烟叶表现为"通身"变黄，不耐烤，小筋变白后才可转火，否则易烤成青筋烟叶；中上部烟叶耐烤，变黄速度与失水干燥速度配伍性较好，变黄速度与 K326 相近，失水速度比 K326 慢。变黄期干球温度 32～42℃，干湿差 2～3℃；定色期干球温度 43～55℃，湿球温度不超过 40℃；干筋期干球温度 56～66℃，湿球温度不超过 42℃。上部烟叶各阶段可适当延长。

五、NC297 品种烟叶品质及风格特征

（一）外观质量特征

烟叶颜色多呈金黄至深黄，属橘黄色域，上部少量烟叶浅橘红；成熟度多为成熟，个别烟叶为尚熟；中部烟叶叶片结构多为疏松，上部叶尚疏松至疏松；中部烟叶身份中等；油分以有为主，部分烟叶油分达到多；中部烟叶色度强至浓，上部烟叶色度强至中。与对照 K326 相比，NC297 中部烟叶颜色较浅，上部烟叶颜色较深；中部烟叶叶片结构较疏松而油分较少、身份略偏薄，外观质量略低于对照；上部烟叶成熟度较高、叶片结构较疏松、油分较多，外观质量优于对照。综合各部位烟叶外观指标，NC297 外观质量与对照 K326 相当。

（二）物理特征

中部叶单叶质量 9.6g、平衡含水率 14.46%、填充值 4.05cm³/g、含梗率 38.27%、出丝率 95.29%；上部烟叶单叶质量 10.2g、平衡含水率 13.81%、填充值 4.02cm³/g、含梗率 29.76%、出丝率 95.85%。与对照 K326 比较，NC297 中部烟叶平衡含水率、出丝率较高，单叶质量较轻、填充值较低、含梗率较高；上部烟叶含梗率低，单叶质量、平衡含水率和出丝率与对照相当，填充值较低。综合各项物理特性指标，NC297 略低于对照品种 K326。

（三）化学品质特征

中部、上部烟叶总植物碱含量分别为 1.89%、2.79%，还原糖含量为 23.52%～28.77%，钾含量 1.84%～2.22%。与对照 K326 相比，N297 总植物碱含量稍低于对照；还原糖、淀粉含量低于对照；钾含量高于对照。综合化学成分各指标，NC297 与对照 K326 相当。

（四）感官质量特征

NC297 烟叶烟气表现为清香型，上部烟叶香气质好量足、杂气轻，感官质量优于对照 K326；中部烟叶样品香气质相对略差、杂气略重、刺

激性略大，感官质量低于对照 K326。

（五）致香物质特征

NC297 品种烟叶的致香物质中酮含量较高，NC297 品种中具有清香特点的酮类致香物质含量最高，这可能是 NC297 品种清甜香风格突出的物质基础之一。NC 297 的类西柏烷类致香物质含量较高。

酮类致香成分是烟叶致香物质中非常重要的一类致香成分，很多分析研究结论表明：酮类致香成分含量与烟叶优良的感官品质表现呈现较好的相关性，主要对烟叶香气的品质、风格特征、细腻性、甜韵等有较大的影响。

由表 2－1 可看出，具有清香特点的酮类致香成分含量高低顺序：NC297＞NC102＞K326＞NC55＞NC72＞GL26H＞GL350＞NC71。

表 2－1　美引品种烟叶的酮类致香物质含量表

分类统计项目	酮类总含量（$\mu g/g$）	具有烟草本香的酮类含量（$\mu g/g$）	具有烟草本香的酮类所占比例（％）	具有清香的酮类含量（$\mu g/g$）	具有清香的酮类所占比例（％）	具有甜韵的酮类含量（$\mu g/g$）	具有甜韵的酮类所占比例（％）
NC102	36.2	19.6	54.1	7.1	19.6	14.7	40.6
NC297	35.0	17.2	49.1	7.0	20.0	14.0	40.0
NC55	35.6	18.9	53.1	6.3	17.7	13.2	37.1
GL26H	32.6	18.9	58.0	4.8	14.7	11.6	35.6
GL350	35.7	22.4	62.7	5.2	14.6	11.7	32.8
NC71	42.9	25.1	58.5	6.2	14.5	15.1	35.2
NC72	49.9	27.3	54.7	8.4	16.8	18.5	37.1
K326	35.1	18.2	51.9	6.5	18.5	13.6	38.7

NC297 品种烟叶酮类致香物质剖析结果表明：NC297 品种烟叶具有清香特点的酮类致香物质含量高。

由表 2－2 可看出，不同烤烟品种中性致香物质总量由高到低为 KRK 28＞NC 72＞NC 71＞KRK 26＞NC 102＞NC 297＞CC 402＞NC 89＞中烟 100，NC297 品种烟叶中性致香物质总量中等（顾少龙等，2011）。

由表 2-3 可看出，在中性致香物质成分中，类胡萝卜素降解产物较丰富，其中巨豆三烯酮是叶黄素的降解产物，对烟叶的香味有重要贡献，也是国外优质烟叶的显著特征（周冀衡等，2004；史宏志等，2009）。不同烤烟品种巨豆三烯酮总量由高到低为 KRK 28＞NC 297＞NC 72＞NC 89＞NC 71＞KRK 26＞NC 102＞CC 402＞中烟 100，NC 297 品种烟叶巨豆三烯酮总量较高，仅次于 KRK 28，居第二位，说明 NC 297 品种烟叶香味较为丰富。

叶绿素降解产物新植二烯是含量最高的成分，不同烤烟品种叶片中性致香物质总量的差异主要是新植二烯含量不同造成的。不同烤烟品种新植二烯含量由高到低为 KRK 28＞NC 72＞NC 71＞KRK 26＞NC 102＞CC 402＞NC 297＞NC 89＞中烟 100，NC 297 品种烟叶新植二烯含量相对较低。但新植二烯香气阈值较高，本身只具有微弱香气，在调制和陈化过程中可进一步降解转化为其他低分子成分（史宏志，1998）。

表 2-2 不同烤烟品种 C3F 中性致香物质含量（μg/g）

中性致香物质		NC297	NC102	KRK26	KRK28	NC71	NC72	CC402	NC89	中烟100
	β-大马酮	20.60	22.19	25.17	25.62	20.99	21.12	21.91	21.50	19.81
	香叶基丙酮	11.15	9.84	8.04	11.82	6.39	12.80	1.16	10.70	4.80
	二氢猕猴桃内酯	1.81	1.65	1.90	1.76	1.45	1.32	1.46	1.62	1.38
	脱氢β-紫罗兰酮	0.22	0.24	0.15	0.16	0.13	0.13	0.16	0.22	0.19
类胡萝卜素类	巨豆三烯酮1	0.29	0.28	0.21	0.29	0.22	0.22	0.25	0.34	0.12
	巨豆三烯酮2	0.30	0.25	0.35	0.42	0.28	0.43	0.31	0.27	0.25
	巨豆三烯酮3	0.97	0.91	0.77	0.99	0.92	1.05	0.59	1.04	0.27
	3-羟基-β-二氢大马酮	1.25	0.90	1.05	1.32	1.16	1.09	0.97	1.04	0.40
	巨豆三烯酮4	1.48	0.73	1.30	2.35	1.28	1.31	0.84	1.13	0.45

（续）

中性致香物质		NC297	NC102	KRK26	KRK28	NC71	NC72	CC402	NC89	中烟100
类胡萝卜素类	螺岩兰草酮	8.05	5.45	5.45	9.95	9.61	8.76	4.59	7.26	1.95
	法尼基丙酮	8.57	7.75	9.36	15.86	10.42	10.17	6.83	8.73	3.57
	6-甲基-5-庚烯-2-酮	2.75	2.09	1.71	3.52	2.71	2.28	0.95	2.00	0.41
	6-甲基-5-庚烯-2-醇	0.55	0.47	0.55	0.77	0.48	0.48	0.32	0.45	0.31
	芳樟醇	1.60	1.53	1.87	4.35	1.56	1.74	1.32	1.80	1.59
	氧化异佛尔酮	0.19	0.18	0.07	0.19	0.15	0.25	0.26	0.24	0.16
棕色化产物类	糠醛	18.60	17.86	13.87	21.86	16.15	19.61	15.62	18.68	9.45
	糠醇	1.85	1.09	1.68	6.65	2.15	2.01	1.13	3.23	0.36
	2-乙酰基呋喃	0.60	0.54	0.46	0.38	0.56	0.53	0.47	0.62	0.31
	5-甲基-2-糠醛	0.74	0.76	0.63	1.22	0.44	0.55	0.39	0.44	0.33
	3,4-二甲基-2,5-呋喃二酮	4.60	5.45	3.62	6.47	4.32	3.45	2.01	3.23	1.69
	2-乙酰基吡咯	0.36	0.23	0.26	0.57	0.49	0.40	0.25	0.27	0.13
苯丙氨酸裂解产物类	苯甲醛	1.60	1.79	0.99	1.68	1.69	1.42	1.29	1.29	0.64
	苯甲醇	8.21	5.45	4.78	23.64	8.75	13.14	5.43	6.41	1.38
	苯乙醛	0.63	0.37	0.39	0.92	0.76	0.79	0.46	0.55	0.11
	苯乙醇	2.02	1.57	2.07	13.33	2.23	3.33	1.28	1.66	0.31
类西柏烷类	4-乙烯-2-甲氧基苯酚	0.11	0.12	0.12	0.15	0.17	0.14	0.30	0.16	0.27
	茄酮	151.36	124.31	108.78	133.90	127.83	125.99	79.69	108.79	59.04
新植二烯	新植二烯	713.23	756.80	825.02	1 280.00	874.47	893.14	752.38	658.96	465.62
	总量	963.70	970.80	1 020.62	1 570.14	1 097.76	1 127.65	902.62	862.65	575.31

表 2-3 不同烤烟品种 C3F 中性致香物质分类分析（μg/g）

品种	类胡萝卜素类	巨豆三烯酮	棕色化产物类	苯丙氨酸裂解产物类	类西柏烷类	新植二烯
NC297	59.78	3.04	26.75	12.46	151.47	713.23
NC102	54.47	2.17	25.92	9.17	124.43	756.80
KRK26	57.93	2.63	20.52	8.24	108.90	825.02
KRK28	79.36	4.05	37.16	39.56	134.05	1 280.00
NC71	57.75	2.70	24.11	13.43	128.00	874.47
NC72	63.15	3.01	26.54	18.67	126.13	893.14
CC402	41.91	1.99	19.85	8.46	79.99	752.38
NC89	58.35	2.78	26.47	9.92	108.95	658.96
中烟100	35.66	1.09	12.27	2.44	59.31	465.62

六、NC297 品种烟叶的卷烟配方验证试验

将 NC297 品种的烟叶应用于卷烟新产品配方设计、卷烟现行产品改造等研究领域，充分考察 NC297 品种烟叶的配方应用效果，以验证 NC297 品种烟叶对云烟品牌的贡献效益，并定位 NC297 品种烟叶在云烟产品中的配方功能。

（一）卷烟老产品改造

在进行云烟品牌老产品改造时，将 NC297 品种烟叶加入老产品改造的叶组配方中，考察其配伍性及配方功能。配方设计见表 2-4。

表 2-4 NC297 品种烟叶用于云烟某高端品牌卷烟老产品改造的配方设计试验表（%）

烟叶名称	配方编号			
	原配方（对照）	配方1	配方2	配方3
2007 昆明 L B1FC	3.0	2.5	2.5	0
2007 禄劝、石林、嵩明红花大金元 B3F	5.0	5.0	5.0	5.0
2007 昆明 L 无 BSF	5.0	5.0	5.0	5.0
2008 昆明 K326B1F	6.0	5.0	5.0	5.0
2008 曲靖红花大金元 CSF	2.5	2.5	2.5	2.5

（续）

烟叶名称	配方编号			
	原配方（对照）	配方 1	配方 2	配方 3
2008 保山红花大金元 C2F	2.5	2.5	2.5	2.5
2008 保山红花大金元 C3F	2.5	2.5	2.5	2.5
2008 曲靖红花大金元 C3F	7.5	7.5	7.5	7.5
2009 河南许昌 C3F	3.0	2.5	2.5	2.5
2008 文山 C3F	6.0	5.0	5.0	5.0
2009 进口模块 YMIZ	9.0	10.0	10.0	10.0
2007 文山 CSF	4.0	5.0	5.0	5.0
2008 曲靖 C3L	5.0	7.5	7.5	5.0
2006 大理 K326 C4F	5.0	5.0	2.5	5.0
2008 龙益 C3F	8.0	7.5	7.5	5.0
2007 哈尔滨 911C2L	3.0	0	0	0
2008 石林、宣威　云 87ZF/B	7.0	5.0	0	5.0
2007 宣良、富民 L MZF	6.0	0	0	
2008 昆明红花大金元 X3FH	5.0	0	2.5	5.0
2008 曲靖 L X3F	5.0	0	0	0
2009 省外模块 SM2	0	2.5	2.5	2.5
红河模块 4♯	0	10.0	12.5	10.0
2006 石林、宣良 L 云 7B3F	0		2.5	2.5
2008 曲靖 NC297C3F	0	5.0	5.0	5.0
2008 曲靖 NC102C3F	0	2.5	2.5	2.5
合计	100	100	100	100

　　评吸结果表明：配方 1＞配方 2＞对照配方＞配方 3。其中，配方 1 表现为清甜香风格明显，略带花香、果香，烟草本香成熟、厚实、纯净，香气优雅、丰富、透发，香气质感细腻、柔绵，烟气饱满，烟气甜度、绵延、成团、柔和性较好，浓度中等，杂气略有，刺激略有，劲头中，余味较净尚适，回味生津回甜，有成熟的烟草气息；配方 2 在吸食舒适性上表现稍弱于配方 1，杂气稍显露；配方 3 香气透发性偏弱，杂气显露，香气量稍显不足；原配方（对照）（在线老产品配方）清香有甜韵，香气成熟、优雅，香气丰富性、透发性较好，香气量较足，烟气饱满、绵长，成团性

较好，浓度高，不足之处是吸食舒适性偏弱（表现为略有刺激、干燥、辛辣感），劲头中偏大。

配方试验表明：配方 1 比原配方（对照）（在线老产品配方）在吸食舒适性和产品风格上有明显改善，能满足老产品提质改造的要求，以配方 1 进行老产品提质改造，获得了消费者的认可。试验表明：NC297 品种烟叶在现行云烟品牌高端产品提质改造中有较好的配方效果。

(二) 卷烟新产品配方设计验证

在进行高端云烟品牌新产品开发时，将 NC297 品种烟叶加入叶组配方中，探讨 NC297 品种烟叶的配伍性及其配方功能，验证其在云烟高端品牌新产品设计中的可用性。试验设计见表 2-5。

表 2-5　NC297 品种烟叶用于云烟某高端品牌卷烟新产品配方设计试验比例（％）

烟叶名称	试验编号（配方比例）			
	新配方 1	新配方 2	新配方 3	新配方 4
2007 保山红花大金元 B1F	2.5	2.5	2.5	2.5
2009 巴西无 B1O	2.5	2.5	2.5	2.5
2008 文山 NC297 CSF	0	0	2.5	5.0
2008 文山云 87 CSF	5.0	5.0	2.5	0
2006 保山红花大金元 CSF	5.0	5.0	5.0	5.0
2010 进口模块无 YM1J	20.0	20.0	20.0	20.0
2008 昆明 NC102 C2F	0	2.5	2.5	2.5
2008 昆明 K326 C2F	2.5	0	0	0
2007 石林、宜良 L K326 C3F	5.0	5.0	5.0	5.0
2007 湖南永州无 CBSF	2.5	2.5	2.5	2.5
2004 赞比亚无 ZL1T	2.5	2.5	2.5	2.5
2008 文山无 C4F	5.0	5.0	5.0	5.0
2003 禄劝、富民、寻甸红花大金元 CSL	5.0	5.0	5.0	5.0
2009 河南许昌中烟 100 C3F	5.0	5.0	5.0	5.0
2007 昆明 L K326 C1L	7.5	7.5	7.5	7.5
2007 保山红花大金元 C4F	5.0	5.0	5.0	5.0

（续）

烟叶名称	试验编号（配方比例）			
	新配方 1	新配方 2	新配方 3	新配方 4
2005 省外模块无 SM1	2.5	2.5	2.5	2.5
2007 晋宁、安宁、寻甸红花大金元 C3F	10.0	10.0	10.0	10.0
2004 石林、宜良云 87 C2L	5.0	5.0	5.0	5.0
2006 大理红花大金元 MZL	7.5	7.5	7.5	7.5
合计	100	100	100	100

评吸结果表明：新配方 4＞新配方 3＞新配方 2＞新配方 1。新配方 4 表现为清甜香风格明显，以烟草本香为底蕴，兼有焦甜香、果香、花香，香气优雅、细腻、谐调、丰富，底蕴充足、厚实，香气透发性较好，烟气表现为细、柔、绵、甜、润，浓度中偏浓，略有杂气、刺激，劲头中，余味干净舒适、生津感明显，有成熟的烟草气息；新配方 3 在香气底蕴和丰富性方面表现稍弱；新配方 2 在香气丰富性、底蕴方面表现明显偏弱；新配方 1 香气丰富性和香气底蕴明显偏弱，清香风格略显偏弱，烟气略显粗糙。

配方试验表明：NC297 品种烟叶在云烟品牌高端产品配方中，有夯实香气底蕴、丰富烟草本香和增加甜韵感的作用。以配方 4 叶组进行云烟品牌新产品设计，最终形成了云烟品牌高端产品的叶组配方。试验表明：NC297 品种烟叶在云烟品牌新产品开发中有较好的配方效果。

综合上述卷烟老产品提质改造和新产品配方设计验证试验，结果表明：在云烟品牌高端产品中加入 5.0％的 NC297 品种烟叶，有较好的配方效果，能有效增强产品的香气底蕴和甜韵感。

（三）NC297 品种烟叶的配方功能评价

NC297 品种烟叶以烟草本香充足，香气的细腻度、绵延性、甜韵感、和顺感明显，在云烟品牌高、中端产品配方中，可作主料烟叶应用。

配方作用：在配方中可丰富云烟品牌产品的烟草本香、增强烟草自然甜韵、夯实香气底蕴。

工业可用性：香气质与 K326 等同，香气质细腻，甜润感强，特色鲜明独特，与 K326 配伍性好。

七、NC297 品种烟叶在各品牌卷烟中的配方地位及作用

NC297 品种烟叶进入云烟高端产品和一类、二类、三类高中档产品配方中，具体应用各品种的烟叶部位及色组见表 2-6。

表 2-6　NC297 品种烟叶在"云烟系列"品牌产品中的应用比例（%）

烟叶组别	卷烟类别			
	高端	一类	二类	三类
NC297 上部上等橘黄色组烟叶	0	0	0	2.5
NC297 上部上等柠檬黄色组烟叶	0	0	0	0
NC297 上部中等橘黄色组烟叶	0	0	0	2.5
NC297 中部上等橘黄色组烟叶	2.5	0	2.5	2.5
NC297 中部上等柠檬黄色组烟叶	2.5	2.5	0	0
NC297 中部中等橘黄色组烟叶	0	0	2.5	2.5
NC297 中部中等柠檬色组烟叶	0	2.5	0	0
NC102/NC297 下部烟叶	0	0	0	2.5
合计	5.0	5.0	5.0	12.5

由表 2-6 可见：

云烟高端产品：主要应用 NC297 品种上等烟叶进入配方，配方比例为 5.0%。NC297 品种用中部上等橘黄色组和柠檬黄色组烟叶各 2.5%。在配方中使用该品种烟叶后增加了产品的甜韵感和舒适性。

云烟一类烟：主要应用 NC297 品种上中等烟叶进入配方，配方比例为 5.0%。其中用中部上等和中等柠檬黄色组烟叶各 2.5%。在配方中使用该品种烟叶后增加了产品的甜韵感。

云烟二类烟：主要应用 NC297 品种上中等烟叶进入配方，配方比例为 5.0%。NC297 品种用中部上等和中等橘黄色组烟叶各 2.5%。在配方中使用该品种烟叶后增加了产品的香气底蕴和甜韵感。

云烟三类烟：主要应用 NC297 品种上中等烟叶进入配方，配方比例为 12.5%。NC297 品种用上部上等、中等橘黄色组烟叶，中部上等、中等橘黄色组烟叶和 NC102/NC297 下部混打烟叶各 2.5%。在配方中使用该品种烟叶后增加了产品的香气底蕴和甜韵感。

八、NC297 品种的生态适应性种植研究

（一）研究背景

为了更加准确地掌握 NC297 品种在不同纬度、不同海拔下的生态适应性，项目组在普查的基础上，又在纬度与海拔交汇的二维空间内设置试验点，开展了烤烟主栽品种生态适应性种植研究。

（二）试验设计

为清楚了解烤烟 NC297 品种的生态适应性，在云南中烟原料基地内，分别设置了北纬 23°、24°、25°、26°、27° 5 个纬度点，在每个纬度点分别设置低（1 600m）、中（1 800m）、高（2 000m）3 个海拔段，共设 15 个纬度与海拔交汇的试验点（表 2 - 7），在每个试验点内同时分别安排两组 NC297 品种的区域适应性种植试验，每个试验种植 0.067hm²。根据 NC297 品种的产量、产值及感官质量评价，筛选出它们的适宜种植区域。

表 2 - 7　NC297 品种在 5 个纬度带、3 个海拔段的生态适应性试验安排

纬度	市（州）	县区	试验点海拔段		
			海拔（1 600m）	海拔（1 800m）	海拔（2 000m）
23°	文山	马关	八寨乡马主村	八寨乡芦柴塘村	八寨乡小岩村
24°	红河	弥勒	西二乡矣维村	西二乡矣维村	西二乡矣维村
25°	昆明	宜良	北古城镇车田村	九乡甸尾村	九乡月照村
26°	曲靖	沾益	德泽乡左水冲村	德泽乡富冲村	德泽乡棠梨树村
27°	曲靖	会泽	迤车镇中河村	迤车镇五谷村	迤车镇五谷村

（三）结果分析

1. 不同纬度、不同海拔下 NC297 品种烟叶的产量和产值

由表 2 - 8 可以看出，NC297 品种的最适宜种植区域是北纬 23°～26°、海拔 1 600～2 000m 区域。

表2-8 不同纬度、不同海拔下 NC297 品种的烟叶产量和产值

纬度	产量（kg/hm²）			产值（元/ hm²）		
	低海拔 （1 600m）	中海拔 （1 800m）	高海拔 （2 000m）	低海拔 （1 600m）	中海拔 （1 800m）	高海拔 （2 000m）
23°	2 250	2 280	2 265	63 000	63 840	63 420
24°	2 190	2 250	2 220	61 320	63 000	62 160
25°	2 205	2 190	2 130	61 740	61 320	59 640
26°	2 265	2 340	2 310	63 420	65 520	64 680
27°	1 980	2 025	2 010	55 440	56 700	56 280

2. 不同纬度、不同海拔主栽品种烟叶的感官质量评价和工业可用性

项目组在北纬23°、24°、25°、26°、27°5 个纬度点上低（1 600m）、中（1 800m）、高（2 000m）3 个海拔段内，对 NC297 品种烟叶的感官质量评价和工业可用性进行研究，结果如下：

（1）不同纬度和海拔区域烟叶的感官质量评价。由表 2－9 可见，从 NC297 品种的感官质量评价总分看：NC297 品种最适宜种植在北纬 23°～26°、海拔 1 600～2 000m 区域，该区域烟样的感观评吸总分为 81.20 分，高于北纬 27°、海拔 1 600～2 000m 区域为 79.33 分。

表2-9 不同纬度、不同海拔下各 NC297 品种烟叶的感官质量评价总分

纬度	海拔（m）	感官质量评价总分（分）
23°	1 600	81.25
	1 800	81.13
	2 000	82.75
24°	1 600	80.00
	1 800	82.00
	2 000	83.17
25°	1 600	79.00
	1 800	81.33
	2 000	82.83
26°	1 600	78.13
	1 800	80.88
	2 000	82.00

（续）

纬度	海拔（m）	感官质量评价总分（分）
	1 600	78.50
27°	1 800	79.50
	2 000	80.00

（2）不同纬度和不同海拔区域烟叶的工业可用性。由表 2-10 可见，从不同纬度、不同海拔下各个品种烟叶样品的工业可用性来看：NC297 品种的高端、一类、二类及三类烟样主要分布在北纬 23°~26°、海拔 1 600~2 000m 区域，占烟样总数（43 个）的 88.37%。

表 2-10　不同纬度、不同海拔下 NC297 品种烟叶样品的工业可用性

纬度	海拔（m）	高端、一类、二类及三类烟样数量（个）
	2 000	4
23°	1 800	4
	1 600	2
	2 000	2
24°	1 800	3
	1 600	4
	2 000	3
25°	1 800	3
	1 600	3
	2 000	4
26°	1 800	3
	1 600	3
	2 000	1
27°	1 800	1
	1 600	3

在同田种植情况下，NC297 品种烟叶的感官质量评价及工业可用性，与其产量、产值表现一致，均表明北纬 23°~26°、海拔 1 600~2 000m 的区域，是 NC297 品种最适宜种植区域。

将云南中烟原料基地北纬 22.5°~27.5°、海拔 600~2 500m 范围内

NC297 品种的生态适应性调查结果，与 5 个纬度带、3 个海拔段 15 个试验点内 NC297 品种同田种植的生态适应性试验结果，进行综合分析，得出 NC297 品种的最适宜种植区域。

在云南中烟原料基地内，NC297 品种的最适宜种植在北纬 23°～26°、海拔 1 600～2 000m 的区域，该区域的可植烟面积分布见表 2-11。

表 2-11　NC297 在纬度和海拔二维空间内的最适宜植烟区面积（hm²）

纬度	海拔	
	1 600～1 800m	1 800～2 000m
23°～23.5°	10 824.40	2 767.13
23.5°～24°	11 044.73	3 958.27
24°～24.5°	20 617.40	16 492.33
24.5°～25°	15 568.27	37 842.60
25°～25.5°	28 672.60	50 177.93
25.5°～26°	7 167.20	26 830.07

由表 2-11 可知，在云南中烟原料基地内，NC297 品种的最适宜种植区的总面积为 23.2 万亩，占云南中烟原料基地可植烟面积（48.2 万 hm²）的 48.13%。NC297 品种的最适宜种植区分布见表 2-12。

表 2-12　NC297 品种在纬度和海拔二维空间内的最适宜种植区分布

纬度	海拔	
	1 600～1 800m	1 800～2 000m
23°～23.5°	个旧：保和、卡房 建水：官厅、坡头 蒙自：冷泉、水田、芷村 石屏：牛街 沧源：糯良、岩帅 双江：邦丙、大文 景谷：半坡 墨江：龙潭 麻栗坡：董干 马关：八寨 文山：平坝、小街、新街 元江：那诺	沧源：单甲、岩帅 双江：忙糯 澜沧：文东 墨江：景星 文山：坝心 元江：羊街

（续）

纬度	海拔	
	1 600～1 800m	1 800～2 000m
23.5°～24°	建水：李浩寨、利民 石屏：龙朋 耿马：芒洪 临翔：博尚、圈内、章驮 墨江：团田 镇沅：和平 广南：五珠 新平：平掌 元江：咪哩、因远	建水：普雄 开远：碑格 石屏：大桥、哨冲 耿马：大兴 永德：崇岗 镇康：忙丙、木场 墨江：新抚 新平：建兴 元江：龙潭
24°～24.5°	昌宁：更戛 双柏：爱尼山 弥勒：五山 凤庆：郭大寨 永德：班卡 云县：茶房、大朝山西、栗树 丘北：双龙营 峨山：大龙潭、甸中 红塔：北城、春和、大营街、玉带 华宁：宁州、华溪、青龙、通红甸 江川：大街、九溪、路居、前卫 通海：四街	施甸：酒房 芒市：五岔路 弥勒：东山、西二 晋宁：夕阳 永德：乌木龙 云县：涌宝 景东：大朝山、曼等 镇沅：九甲 丘北：新店 峨山：富良棚、塔甸 江川：安化、江城、雄关 通海：河西、九龙、里山、纳古、兴蒙、杨广 新平：新化
24.5°～25°	隆阳：西邑 施甸：何元、木老元、水长 腾冲：清水 楚雄：东华 双柏：独田 南涧：无量山 梁河：平山 泸西：午街、中枢 石林：板桥、大可、鹿阜、石林 凤庆：大寺 师宗：龙庆 易门：六街	龙陵：腊勐、龙新、镇安 施甸：摆榔、太平、姚关 楚雄：八角、大地基、大过口、新村、子午 禄丰：土官 南华：马街 弥渡：牛街 南涧：宝华 梁河：小厂 陇川：护国 芒市：江东 泸西：白水、金马、旧城 安宁：八街、草铺、禄脿、县街 晋宁：二街、晋城、六街、双河 石林：圭山、西街口、长湖 凤庆：鲁史 陆良：芳华、马街 师宗：彩云、大同、丹凤、葵山、竹基 澄江：九村、龙街、右所 易门：小街

（续）

纬度	海拔	
	1 600～1 800m	1 800～2 000m
25°～25.5°	昌宁：大田坝 隆阳：板桥、汉庄、金鸡、辛街 腾冲：北海、滇滩、猴桥、界头、腾越 楚雄：东瓜、鹿城、三街 禄丰：和平、妥安、中村 南华：红土坡、罗武庄、一街 姚安：大河口 弥渡：德苴、红岩、弥城、新街 巍山：大仓、庙街、南诏、巍宝山、五印、永建 祥云：鹿鸣 漾濞：瓦厂 永平：博南、厂街 富民：赤鹫、款庄、罗免、散旦、永定 禄劝：崇德 宜良：马街、汤池 富源：十八连山、竹园	隆阳：水寨、瓦渡 腾冲：马站 楚雄：苍岭、吕合、树苴 禄丰：碧城、广通、勤丰、仁兴、一平浪 牟定：安乐、蟠猫 南华：龙川、沙桥、雨露 姚安：官屯、弥兴、太平 巍山：马鞍山、紫金 祥云：沙龙、云南驿 永平：龙街镇 嵩明：牛栏江、嵩阳、小街、杨林、杨桥 寻甸：羊街 宜良：九乡 富源：老厂、营上 陆良：板桥、大莫古、活水、小百户、中枢 罗平：阿岗、富乐、老厂、马街 马龙：大庄、旧县、马过河、纳章 麒麟：茨营、东山、三宝、潇湘、越州
25.5°～26°	隆阳：瓦马 大姚：龙街、赵家店 武定：狮山、田心 永仁：宜就 宾川：大营、平川、乔甸 漾濞：漾江 永平：龙门 富民：东村 禄劝：翠华、屏山、团街 寻甸：金所、金源 富源：大河	腾冲：明光 大姚：金碧、六苴、新街 牟定：戌街 武定：插甸、万德 姚安：栋川、光禄、适中 元谋：羊街 宾川：鸡足山、拉乌 大理：海东、上关、双廊、挖色、喜洲 洱源：邓川 祥云：东山、禾甸、刘厂、米甸 漾濞：苍山西、太平 永平：北斗 云龙：团结 寻甸：功山、河口、柯渡、七星、仁德 富源：中安 会泽：田坝 马龙：王家庄 麒麟：西城、珠街 宣威：羊场 沾益：菱角、盘江、西平

九、NC297 品种适宜种植的土壤类型及合理布局

在昆明、红河 2 市 （州） 种植 NC297 品种的石林、宜良、嵩明、安宁、泸西、蒙自等原料基地县，在 1 800m 海拔区域的不同类型土壤 （红壤、水稻土、紫色土） 上，取 NC297 品种烟样 72 个 （B2F、C3F 等级各 36 个），根据对烟样的外观质量、常规化学成分、感官质量和致香物质含量分析，筛选出 NC297 品种种植的适宜土壤类型。

（一） 烟叶外观质量

项目组组织红云红河集团的烟叶分级技师，对挂牌采集的 36 个点 NC297 烟样，根据《云烟、红河品牌各类别卷烟的烟叶原料外观质量指标的分值要求》进行外观质量评测，结果见表 2 - 13。

表 2 - 13　NC297 品种不同土壤类型烟样外观质量指标得分

土壤类型	成熟度	叶片结构	身份	油分	色度	外观质量总分
红壤	14.9	14.5	13.3	18.3	18.2	79.2
水稻土	14.3	14.8	13.6	17.6	17.7	78.0
紫色土	13.5	13.8	12.8	16.5	16.7	73.3

从表 2 - 13 可看出，NC297 品种在海拔 1 800m 区域内，种植在红壤和水稻土上的烟叶外观质量要比种植在紫色土上的烟叶外观质量好。

（二） 烟叶常规化学成分

从表 2 - 14 可看出，NC297 品种在海拔 1 800m 区域内，种植在红壤和水稻土上的烟叶常规化学成分与云南中烟优质烤烟常规化学成分的符合度比在紫色土上种植的烟叶高。

表 2 - 14　NC297 品种不同土壤类型烟样与《云南中烟优质烤烟常规化学成分指标要求》的符合度（％）

土壤类型	等级	总氮	烟碱	总糖	还原糖	钾	氯	氮碱比	两糖差	平均符合度
红壤		93.6	97.2	92.5	96.0	95.7	97.6	87.8	93.2	94.2
水稻土	B2F	94.0	94.4	94.7	98.1	94.5	96.8	89.4	96.5	94.8
紫色土		83.4	85.2	86.1	85.1	87.0	97.4	81.6	85.8	86.5

（续）

土壤类型	等级	总氮	烟碱	总糖	还原糖	钾	氯	氮碱比	两糖差	平均符合度
红壤		93.2	96.5	94.7	92.3	90.4	97.1	88.6	91.2	93.0
水稻土	C3F	95.1	94.7	96.5	95.2	93.3	98.1	89.4	93.7	94.5
紫色土		83.0	82.5	86.8	84.4	84.6	94.6	86.7	88.5	86.4

（三）烟叶感官质量

从表 2-15 可看出，NC297 品种在海拔 1 800m 区域内，种植在红壤和水稻土上的烟叶感官质量评价均明显比紫色土上好。

表 2-15　NC297 品种不同土壤类型烟样感官质量评价结果

土壤类型	等级	香气量	香气质	口感	杂气	劲头	总分
红壤		13.6	53.7	13.8	7.7	5.7	88.8
水稻土	B2F	13.8	53.5	13.5	7.2	5.8	87.5
紫色土		12.6	51.6	11.4	6.5	6.0	82.1
红壤		13.5	53.1	13.6	7.2	5.4	87.4
水稻土	C3F	13.7	53.2	13.7	7.5	5.5	88.1
紫色土		12.4	50.6	12.3	6.3	5.8	81.6

（四）烟叶致香成分

从表 2-16 可看出，NC297 品种在海拔 1 800m 区域内，种植在红壤和水稻土上的烟叶香味物质总量要比种植在紫色土上的烟叶高。

表 2-16　NC297 品种不同土壤类型烟样各类致香成分含量

土壤类型	等级	香味物质总量	去掉新植二烯后香味物质含量	各类致香成分含量（μg/g）						
				酮类	醇类	醛类	酯类	酚类	呋喃类	氮杂环类
红壤		1 130.1	663.6	56.1	107.6	28.8	27.3	11.9	19.0	24.1
水稻土	B2F	1 287.7	608.1	80.4	69.1	27.1	42.5	27.1	22.0	18.5
紫色土		1 020.2	597.2	52.2	64.6	24.7	28.3	29.5	20.5	17.3
红壤		1 193.7	566.0	47.1	89.7	32.1	21.8	10.7	23.2	16.8
水稻土	C3F	1 312.3	580.1	70.1	76.2	26.8	35.1	14.1	19.2	13.9
紫色土		1 052.6	567.3	53.8	66.9	24.6	23.9	11.3	18.4	12.6

结论：NC297 品种最适宜种植的土壤是红壤和水稻土，其次是紫色土。

十、NC297 品种适宜种植的土壤质地及合理布局

在种植 NC297 品种的石林、宜良、嵩明、安宁、泸西、蒙自等原料基地县，在 1 800m 海拔区域的不同土壤质地（沙土、壤土、黏土）上，取 NC297 品种烟样 72 个，根据对烟样的外观质量、常规化学成分、感官质量和致香物质含量分析，筛选出 NC297 品种种植的适宜土壤质地。

（一）烟叶外观质量

项目组组织红云红河集团的烟叶分级技师，对挂牌采集的 36 个点 NC297 烟样，根据《云烟、红河品牌各类别卷烟的烟叶原料外观质量指标的分值要求》进行外观质量评测，结果见表 2 - 17。

表 2 - 17　NC297 品种不同土壤质地烟样外观质量指标得分

土壤质地	成熟度	叶片结构	身份	油分	色度	外观质量总分
沙土	14.7	14.2	13.4	18.7	18.3	79.3
壤土	14.7	14.2	13.5	18.7	18.3	79.4
黏土	14.5	14.0	13.4	17.8	17.8	77.5

从表 2 - 17 可看出，按照《云烟、红河品牌各类别卷烟的烟叶原料外观质量指标的分值要求》，NC297 品种在同一海拔区域的沙土、壤土和黏土上生产的烟叶均符合一、二类卷烟对原料的外观质量指标的要求（外观质量总分＞75）。

（二）烟叶常规化学成分

从表 2 - 18 可看出，按照《云烟、红河品牌各类别卷烟烟叶原料的常规化学成分符合度指标要求》，NC297 品种在海拔 1 800m 区域的沙土、壤土和黏土上生产的烟叶均符合一、二类卷烟对原料内在化学成分指标的要求（符合度＞90%）。

表 2-18　NC297 品种不同土壤类型烟样与《云南中烟优质烤烟常规
化学成分指标要求》的符合度

土壤质地	等级	总氮（%）	烟碱（%）	总糖（%）	还原糖（%）	钾（%）	氯（%）	氮碱比	两糖差	平均符合度（%）
沙土		93.3	97.4	92.6	96.5	95.3	97.4	87.5	93.3	94.2
壤土	B2F	93.2	97.5	92.7	96.3	95.2	97.1	87.3	93.1	94.1
黏土		94.4	94.2	94.6	98.3	94.7	96.4	89.5	96.2	94.8
沙土		94.6	94.3	94.2	95.6	93.8	96.4	88.3	93.9	93.9
壤土	C3F	93.5	96.7	94.4	92.2	90.8	97.7	88.1	91.3	93.1
黏土		93.7	96.5	94.6	92.4	90.5	97.4	88.5	91.6	93.2

（三）烟叶感官质量

从表 2-19 可看出，按照《云烟、红河品牌各类别卷烟的烟叶原料感官质量指标的分值要求》，NC297 品种在海拔 1 800m 区域的沙土、壤土和黏土上生产的烟叶均符合一、二类卷烟对原料感官质量指标的要求（评吸总分＞86）。

表 2-19　NC297 品种不同土壤质地烟样感官质量评价结果

土壤质地	等级	香气量	香气质	口感	杂气	劲头	总分
沙土		13.8	53.6	13.8	7.2	5.3	88.4
壤土	B2F	13.8	53.8	13.8	7.2	5.3	88.6
黏土		14.2	53.3	13.4	7.0	5.6	87.9
沙土		13.4	54.9	14.2	7.5	5.1	90.0
壤土	C3F	13.6	54.8	14.3	7.5	5.0	90.2
黏土		13.9	53.9	13.4	7.1	5.5	88.3

（四）烟叶致香成分

从表 2-20 可看出，NC297 品种在海拔 1 800m 区域沙土和壤土上生长的烟叶香味物质总量比黏土高，但差异不明显。

表 2 - 20　NC297 品种不同土壤质地烟样各类致香成分含量

土壤质地	等级	各类致香成分含量（μg/g）								
		香味物质总量	去掉新植二烯后香味物质含量	酮类	醇类	醛类	酯类	酚类	呋喃类	氮杂环类
沙土		1 317.3	718.6	90.3	78.5	27.5	47.3	32.6	15.7	17.9
壤土	B2F	1 323.5	721.1	84.7	79.7	27.2	43.0	30.1	15.0	18.2
黏土		1 223.6	702.8	88.2	79.9	26.2	58.5	35.6	13.6	14.3
沙土		1 336.8	722.3	119.5	74.6	19.4	63.2	15.3	12.5	12.4
壤土	C3F	1 347.6	730.1	126.5	75.4	19.5	62.1	14.7	12.9	12.1
黏土		1 292.0	624.8	84.9	78.4	19.1	58.6	16.9	13.2	11.8

结论：NC297 品种适宜种植在沙土、壤土和黏土上。

十一、主成分分析和聚类分析在 NC297 烤烟品种品质区域划分中的应用

（一）研究背景

品种单一和退化现象已经成为目前国内烤烟生产面临的主要问题（马文广等，2018），解决这些问题的有效途径是引进国外优良品种，同时也是卷烟企业对品牌导向型原料需求的重要举措（陈俊标等，2018；张长云等，2015）。烤烟种植区域的气候特点是形成不同烤烟特色的最主要因子，在烤烟生长发育的各个时期，光照、温度、水分和土壤等各个因子都直接影响到烤烟品质（赖平等，2018；常乃杰等，2017；邹凯等，2017）。长久以来，烟草商业和工业主要凭借外观质量和感官质量来评价烤烟品质，受主观因素影响较大。在烤烟品种区域适应性评价综合中通常应用因子分析对烤烟主要化学成分进行分析，或者在此基础上与烤烟的感官质量评价得分进行对比验证（马云明等，2011；董高峰等，2010；聂鑫等，2016）。这些评价方法并不能完全、客观地平均烤烟品种的区域适应性，仍然存在一定的主观性。1998 年美国金叶种子公司育成的杂交 F1 代烤烟品种 NC297，2000 年通过美国北卡罗来纳州官方品种试验的推广品种。该品种具有抗黑胫病、青枯病、TMV、南方根结线虫病，易烘烤，香气质好

等特点。云南中烟工业有限责任公司 2006 年从美国引进该品种，其生产的烟叶符合云烟品牌高端卷烟品牌的原料需求。但是在 NC297 品种的引种试验中发现其区域适应性不广，主要表现为在不同区域种植时烟叶经济性状差异较大，在部分区域种植经济性状偏低。因此为了探索 NC297 品种的品质区域划分，红云红河集团在昆明、红河、文山的 NC297 种植区域开展了品质区域划分研究，采用烤烟主要化学成分和感官质量指标，应用主成分分析法对 NC297 种植区域进行综合评价，最后利用系统聚类法对 NC297 种植区域进行划分，以期为 NC297 品种的合理布局提供理论依据。

（二）材料与方法

1. 供试样品

供分析评价的样品原始数据来源于 2016 年在云南省昆明、红河和文山 3 个地区 12 个县 31 个乡镇采集的 154 个 NC297 品种烟叶样品，每个样品取 B2F 和 C3F 等级烟叶各 1 个。

2. 检测内容及方法

烟叶化学成分分析指标有：总氮、烟碱、还原糖、钾、淀粉、糖碱比、氮碱比、钾氯比。烟叶感官质量评价指标有：香气量、香气质、口感、杂气。按王瑞新等（2003）的方法进行化学成分测定。按颜克亮等（2011）的方法进行感官质量评价。

3. 原始数据标准化处理

由于以上各项指标的量纲不一致，有较大的数量级差异。因此，通过对各项指标进行标准化处理来消除量纲和数量级对综合评价带来的不良影响。利用公式 $x'_{mn} = \dfrac{x_{mn} - \bar{x}_n}{s_n}$ 进行数据转化，式中 n 为指标数，m 为每个指标的测定值，x_{mn} 为原始数据（$m=1$，2，$\cdots$，105；$n=1$，2，$\cdots$，6），x'_{mn} 为转化后的数据，第 n 个指标的算术平均值为 $\bar{x}_n$，指标的标准差为 S_n，转化后让各指标数值呈现标准正态分布。

4. 分析方法

数据处理采用 Excel 2007 进行，采用 DPS 15.0 数据处理系统（唐启义，2010）进行主成分分析、相关分析和系统聚类。

（三）结果与分析

1. NC297 品种各个指标的标准化相关系数

从表 2-21 中可知，标准化后，NC297 品种的 B2F 等级烟叶的烟碱与钾、糖碱比、氮碱比、钾氯比、香气量、香气质、口感、杂气极显著正相关，总氮与还原糖、糖碱比、香气质、杂气极显著正相关，还原糖与糖碱比、香气量、香气质、口感、杂气极显著正相关，钾与钾氯比、香气量、香气质、口感、杂气极显著正相关，糖碱比与香气量、香气质、口感、杂气极显著正相关，钾氯比与香气量、口感极显著正相关，香气量与香气质、口感、杂气极显著正相关，香气质与口感、杂气极显著正相关，口感与杂气极显著正相关。

从表 2-22 中可知，标准化后，NC297 品种的 C3F 等级烟叶的烟碱与钾、糖碱比、氮碱比、香气质、口感、杂气极显著正相关，钾与钾氯比、香气量、香气质、口感极显著正相关，香气量与香气质、口感、杂气极显著正相关，香气质与口感、杂气极显著正相关，口感与杂气极显著正相关。由于相关性存在，如果进行综合评价时直接采用这些指标分布状况，信息重叠将会不可避免，最终造成评价结果失真。

表 2-21 B2F 等级烟叶指标间的相关系数

指标	烟碱	总氮	还原糖	钾	淀粉	糖碱比	氮碱比	钾氯比	香气量	香气质	口感
总氮	0.194										
还原糖	0.397*	0.551**									
钾	0.491**	0.148	0.427*								
淀粉	0.126	0.013	−0.121	−0.043							
糖碱比	0.728**	0.529**	0.780**	0.347	−0.030						
氮碱比	0.616**	−0.337	0.071	0.282	−0.070	0.278					
钾氯比	0.488**	0.082	0.033	0.564**	0.085	0.190	0.247				
香气量	0.754**	0.314	0.489**	0.665**	0.187	0.611**	0.362*	0.520**			
香气质	0.614**	0.465**	0.559**	0.549**	0.158	0.683**	0.175	0.427*	0.900**		
口感	0.679**	0.422	0.488**	0.494**	0.132	0.677**	0.247	0.480**	0.875**	0.961**	
杂气	0.586**	0.557**	0.517**	0.437**	0.111	0.703**	0.115	0.316	0.794**	0.938**	0.915**

注：$\alpha=0.05$ 时，$r=0.355\,0$；$\alpha=0.01$ 时，$r=0.455\,6$。* 表示差异显著（$p<0.05$），** 表示差异极显著（$p<0.01$）。

表 2-22 C3F 等级烟叶指标间的相关系数

指标	烟碱	总氮	还原糖	钾	淀粉	糖碱比	氮碱比	钾氯比	香气量	香气质	口感
总氮	−0.321										
还原糖	0.070	0.068									
钾	0.472**	−0.170	0.024								
淀粉	−0.175	−0.132	0.002	0.047							
糖碱比	0.800**	−0.148	0.291	0.230	−0.157						
氮碱比	0.697**	0.162	−0.056	0.412*	−0.300	0.413*					
钾氯比	0.297	−0.223	−0.136	0.725**	−0.172	0.091	0.286				
香气量	0.366*	−0.062	−0.082	0.532**	0.110	0.231	0.236	0.367*			
香气质	0.487**	−0.120	−0.213	0.513**	−0.060	0.275	0.384	0.409*	0.925**		
口感	0.527**	−0.227	−0.240	0.500**	0.004	0.293	0.393	0.372*	0.824**	0.922**	
杂气	0.456**	−0.236	−0.188	0.440*	−0.01	0.235	0.297	0.387*	0.838**	0.933**	0.930**

注：$\alpha = 0.05$ 时，$r = 0.355\,0$；$\alpha = 0.01$ 时，$r = 0.455\,6$。* 表示差异显著（$p < 0.05$），** 表示差异极显著（$p < 0.01$）。

2. 主成分分析

对 12 个成分均值化后的数据进行主成分分析，得出解释的总方差表（表 2-23 和表 2-24），分析特征根＞1 的主成分，发现 B2F 等级烟叶成分 1、2、3 的特征根分别是 6.190、1.797 和 1.236，且 3 个因子能够解释 76.860% 的累计方差贡献率，因此确定 B2F 等级烟叶主成分为 1、2、3。发现 C3F 等级烟叶成分 1、2、3、4 的特征根分别是 5.125、1.863、1.277 和 1.172，且 4 个因子能够解释 78.648% 的累计方差贡献率，因此确定 C3F 等级烟叶主成分为 1、2、3、4。

由表 2-23、2-25 可知，B2F 等级烟叶第 1 主成分 Y1 的贡献率为 51.580%，香气量、香气质、口感、杂气、烟碱和糖碱比有较大的正系数，所以第 1 主成分反映的是感官质量和化学品质的正相关关系，可以称为 NC297 品种 B2F 等级烟叶感官品质指数。

B2F 等级烟叶第 2 主成分 Y2 的贡献率为 14.977%，氮碱比和钾氯比有较大的正系数，可以称为 NC297 品种 B2F 等级烟叶化学品质指数。

B2F 等级烟叶第 3 主成分 Y3 的贡献率为 10.303%，淀粉有较大的正系数，可以称为 NC297 品种 B2F 等级烟叶淀粉指数。

由表 2-24、2-26 可知，C3F 等级烟叶第 1 主成分 Y1 的贡献率为

42.711%，香气量、香气质、口感、杂气、烟碱和钾有较大的正系数，所以第 1 主成分反映的是感官质量和化学品质的正相关关系，可以称为 NC297 品种 C3F 等级烟叶感官品质指数。

C3F 等级烟叶第 2 主成分 Y2 的贡献率为 15.523%，烟碱、还原糖、糖碱比和氮碱比有较大的正系数，可以称为 NC297 品种 C3F 等级烟叶化学品质指数。

C3F 等级烟叶第 3 主成分 Y3 的贡献率为 10.645%，淀粉有较大的正系数，可以称为 NC297 品种 C3F 等级烟叶淀粉指数。

C3F 等级烟叶第 4 主成分 Y4 的贡献率为 9.768%，总氮有较大的正系数，可以称为 NC297 品种 C3F 等级烟叶总氮指数。

B2F 等级烟叶第 1 主成分的特征向量分别乘以 12 个原始变量标准化之后的变量即为 B2F 等级烟叶第 1 主成分的函数表达式，同理可以得出 B2F 等级烟叶第 2、第 3 主成分的函数表达式：

$$Y_1 = 0.323X_{烟碱} + 0.201X_{总氮} + 0.265X_{还原糖} + 0.262X_{钾} + 0.042X_{淀粉} + 0.328X_{糖碱比} + 0.134X_{氮碱比} + 0.293X_{钾氯比} + 0.093X_{香气量} + 0.208X_{香气质} + 0.231X_{口感} + 0.046X_{杂气}$$

$$Y_2 = 0.265X_{烟碱} - 0.532X_{总氮} - 0.321X_{还原糖} + 0.217X_{钾} + 0.060X_{淀粉} - 0.176X_{糖碱比} + 0.537X_{氮碱比} + 0.355X_{钾氯比} + 0.128X_{香气量} - 0.071X_{香气质} - 0.009X_{口感} - 0.162X_{杂气}$$

$$Y_3 = -0.125X_{烟碱} + 0.057X_{总氮} - 0.361X_{还原糖} - 0.055X_{钾} + 0.705X_{淀粉} - 0.288X_{糖碱比} - 0.368X_{氮碱比} + 0.235X_{钾氯比} + 0.120X_{香气量} + 0.159X_{香气质} + 0.143X_{口感} + 0.131X_{杂气}$$

C3F 等级烟叶第 1 主成分的特征向量分别乘以 12 个原始变量标准化之后的变量即为 C3F 等级烟叶第 1 主成分的函数表达式，同理可以得出 C3F 等级烟叶第 2 至 4 主成分的函数表达式：

$$Y_1 = 0.320X_{烟碱} - 0.111X_{总氮} - 0.061X_{还原糖} + 0.310X_{钾} - 0.040X_{淀粉} + 0.209X_{糖碱比} + 0.248X_{氮碱比} + 0.255X_{钾氯比} + 0.369X_{香气量} + 0.406X_{香气质} + 0.402X_{口感} + 0.389X_{杂气}$$

$$Y_2 = 0.424X_{烟碱} + 0.059X_{总氮} + 0.356X_{还原糖} + 0.030X_{钾} - 0.329X_{淀粉} + 0.506X_{糖碱比} + 0.384X_{氮碱比} - 0.024X_{钾氯比} - 0.243X_{香气量} - 0.189X_{香气质} - 0.178X_{口感} - 0.224X_{杂气}$$

$$Y_3 = 0.158X_{烟碱} - 0.594X_{总氮} + 0.362X_{还原糖} + 0.038X_{钾} + 0.524X_{淀粉} + 0.265X_{糖碱比} - 0.352X_{氮碱比} - 0.118X_{钾氯比} + 0.022X_{香气量} - 0.084X_{香气质} - 0.004X_{口感} + 0.224X_{杂气}$$

$$Y_4 = 0.020X_{烟碱} + 0.362X_{总氮} + 0.158X_{还原糖} - 0.446X_{钾} + 0.099X_{淀粉} + 0.210X_{糖碱比} + 0.010X_{氮碱比} - 0.659X_{钾氯比} + 0.226X_{香气量} + 0.199X_{香气质} + 0.176X_{口感} + 0.187X_{杂气}$$

表 2-23　B2F 等级解释的总方差

成分	初始特征值			提取平方和载入		
	特征根	方差（%）	累计（%）	特征根	方差（%）	累计（%）
1	6.190	51.580	51.580	6.190	51.580	51.580
2	1.797	14.977	66.557	1.797	14.977	66.557
3	1.236	10.303	76.860	1.236	10.303	76.860
4	0.953	7.941	84.801			
5	0.613	5.106	89.907			
6	0.522	4.353	94.260			
7	0.257	2.145	96.404			
8	0.190	1.585	97.990			
9	0.130	1.081	99.071			
10	0.053	0.443	99.513			
11	0.045	0.373	99.886			
12	0.014	0.114	100.000			

表 2-24　C3F 等级解释的总方差

成分	初始特征值			提取平方和载入		
	特征根	方差（%）	累计（%）	特征根	方差（%）	累计（%）
1	5.125	42.711	42.711	5.125	42.711	42.711
2	1.863	15.523	58.234	1.863	15.523	58.234
3	1.277	10.645	68.880	1.277	10.645	68.880
4	1.172	9.768	78.648	1.172	9.768	78.648
5	0.994	8.284	86.931			
6	0.752	6.266	93.198			
7	0.361	3.011	96.209			

（续）

成分	初始特征值			提取平方和载入		
	特征根	方差（%）	累计（%）	特征根	方差（%）	累计（%）
8	0.198	1.649	97.857			
9	0.129	1.078	98.935			
10	0.062	0.517	99.452			
11	0.044	0.363	99.815			
12	0.022	0.185	100.000			

表 2 - 25　B2F 等级性状主成分的特征向量

项目	主成分		
	Y_1	Y_2	Y_3
烟碱	0.323	0.265	−0.125
总氮	0.201	−0.532	0.057
还原糖	0.265	−0.321	−0.361
钾	0.262	0.217	−0.055
淀粉	0.042	0.060	0.705
糖碱比	0.328	−0.176	−0.288
氮碱比	0.134	0.537	−0.368
钾氯比	0.207	0.355	0.235
香气量	0.371	0.128	0.120
香气质	0.376	−0.071	0.159
口感	0.373	−0.009	0.143
杂气	0.358	−0.162	0.131

表 2 - 26　C3F 等级性状主成分的特征向量

项目	主成分			
	Y_1	Y_2	Y_3	Y_4
烟碱	0.320	0.424	0.158	0.020
总氮	−0.111	0.059	−0.594	0.362
还原糖	−0.061	0.356	0.362	0.158
钾	0.310	0.030	0.038	−0.446

（续）

项目	主成分			
	Y_1	Y_2	Y_3	Y_4
淀粉	−0.040	−0.329	0.524	0.099
糖碱比	0.209	0.506	0.265	0.210
氮碱比	0.248	0.384	−0.352	0.010
钾氯比	0.255	−0.024	−0.118	−0.659
香气量	0.369	−0.243	0.022	0.226
香气质	0.406	−0.189	−0.084	0.199
口感	0.402	−0.178	−0.004	0.176
杂气	0.389	−0.224	0.012	0.187

3. NC297 品种最适种植区域筛选

分析结果表明，以上 3 个主成分（B2F 等级）和 4 个主成分（C3F 等级）能够很好地表述 NC297 品种不同种植区域的 B2F 等级和 C3F 等级烟叶的重要性状特性，分别可以表达 76.860% 和 78.648% 的贡献率。因为存在较多的主成分，依靠 1 个主成分对 NC297 最适种植区域进行综合评价不易做出准确的判定。因此在进行加权求和时使用 3 个主成分（B2F 等级）和 4 个主成分（C3F 等级）的方差贡献率作为权重系数，创建 NC297 最适种植区域的综合评价数学模型：

$$Y_{B2F}=0.671F_1+0.195F_2+0.134F_3$$

式中：$F_1 \sim F_3$ 为 NC297 品种 B2F 烟叶主成分分值。

$$Y_{C3F}=0.543F_1+0.197F_2+0.135F_3+0.124F_4$$

式中：$F_1 \sim F_4$ 为 NC297 品种 C3F 烟叶主成分分值。

根据主成分的定义，可得到 NC297 品种 B2F 等级烟叶的 3 个主成分和 C3F 等级的 4 个主成分与原 12 项化学指标和感官质量指标的标准化数据的线性组合以及综合得分公式，求得 31 个种植区域的 B2F、C3F 等级烟叶样品主成分综合得分如表 2-27、表 2-28 所示。综合得分越高，表明该种植区域烟叶样本的综合品质越好。表 2-27 表明砚山干河、广南珠琳、广南莲城的 B2F 等级烟叶综合品质是 31 个种植区域中最好的；表 2-28 表明麻栗坡大坪 C3F 等级烟叶综合品质是 31 个种植区域中最好的。

表 2-27　NC297 品种不同种植区域的 B2F 等级烟叶主成分分值

种植区域	Y_1	Y_2	Y_3	综合得分	综合排名
砚山干河	3.486	1.418	−1.028	2.478	1
广南珠琳	3.361	1.243	−0.430	2.440	2
广南莲城	3.364	0.960	−0.260	2.410	3
砚山盘龙	2.906	−0.338	0.601	1.965	4
西畴兴街	2.437	2.138	−0.875	1.935	5
马关马白	2.802	−0.631	1.091	1.903	6
马关大栗树	2.486	−0.845	0.797	1.611	7
砚山者腊	2.358	−0.431	0.638	1.584	8
马关仁和	2.325	−0.086	0.047	1.550	9
西畴西洒	2.371	−0.053	−0.563	1.505	10
广南杨柳井	1.883	0.116	0.477	1.350	11
马关八寨	2.033	−0.976	1.018	1.311	12
砚山阿猛	1.080	2.470	0.489	1.272	13
麻栗坡大坪	1.533	−0.290	0.543	1.045	14
砚山江那	−0.394	−0.685	0.809	−0.290	15
嵩明嵩阳	−0.422	−0.315	−0.690	−0.437	16
泸西中枢	−0.987	−0.246	−0.273	−0.747	17
宜良马街	−0.975	−0.538	−0.659	−0.847	18
泸西向阳	−0.860	−1.876	−0.426	−1.000	19
泸西午街铺	−1.104	−1.451	−0.592	−1.103	20
砚山平远	−1.825	−0.483	0.559	−1.244	21
安宁县街	−1.627	−2.116	0.043	−1.499	22
嵩明杨桥	−1.413	−2.550	−0.552	−1.519	23
石林鹿阜	−3.045	0.713	1.621	−1.687	24
泸西白水	−2.319	−0.563	−0.196	−1.692	25
蒙自鸣鹫	−1.538	−0.573	−4.659	−1.768	26
嵩明杨林	−3.109	0.386	1.372	−1.828	27
泸西金马	−2.815	−0.572	0.895	−1.881	28
蒙自老寨	−3.862	2.920	−0.234	−2.054	29
蒙自西北勒	−4.090	2.867	−0.165	−2.209	30
泸西永宁	−4.038	0.387	0.602	−2.554	31

表 2 - 28　NC297 品种不同种植区域的 C3F 等级烟叶主成分分值

种植区域	Y_1	Y_2	Y_3	Y_4	综合得分	综合排名
麻栗坡大坪	3.400	−0.851	0.665	0.405	1.818	1
广南莲城	2.901	0.349	−0.081	0.518	1.698	2
广南珠琳	3.031	1.306	−2.597	0.015	1.554	3
马关马白	2.584	−0.447	0.484	0.805	1.480	4
广南杨柳井	2.319	0.469	0.135	−0.084	1.360	5
西畴兴街	2.038	0.540	−0.200	0.899	1.298	6
马关八寨	2.370	−1.020	−0.021	0.845	1.188	7
砚山者腊	2.215	−1.063	0.734	0.162	1.113	8
砚山盘龙	1.759	−0.410	1.618	−0.381	1.046	9
砚山阿猛	1.285	1.012	0.077	0.061	0.916	10
马关大栗树	1.689	−1.374	1.012	0.078	0.793	11
马关仁和	1.539	−0.560	−0.069	0.222	0.743	12
砚山干河	1.975	−1.180	−0.674	−0.754	0.655	13
西畴西洒	2.301	−1.450	−1.884	−0.598	0.634	14
泸西午街铺	0.094	1.907	−0.061	−0.731	0.329	15
泸西中枢	−0.034	1.019	2.610	−1.739	0.320	16
嵩明嵩阳	−0.578	1.110	0.253	1.073	0.073	17
宜良马街	−0.848	1.794	0.108	0.219	−0.065	18
蒙自老寨	−0.851	3.418	−1.732	−1.354	−0.190	19
砚山平远	−1.565	1.420	2.133	−1.879	−0.515	20
泸西白水	−2.684	0.728	1.248	3.096	−0.760	21
泸西金马	−2.104	0.781	0.149	1.429	−0.791	22
石林鹿阜	−2.001	0.695	−1.930	0.323	−1.171	23
蒙自鸣鹫	−2.182	0.509	−0.554	−1.020	−1.286	24
嵩明杨桥	−2.958	−0.040	0.626	1.374	−1.359	25
泸西向阳	−2.854	0.223	−0.083	0.624	−1.439	26
嵩明杨林	−1.755	−1.733	−0.731	−0.375	−1.441	27
砚山江那	−1.691	−2.308	0.483	−1.624	−1.510	28
蒙自西北勒	−2.254	−1.402	−0.329	−1.566	−1.740	29
泸西永宁	−2.999	−0.585	−0.288	−0.726	−1.873	30
安宁县街	−4.142	−2.858	−1.103	0.683	−2.878	31

4. 聚类分析

31 个种植区域 B2F、C3F 等级烟叶样品主成分综合得分经标准化法处理后，以卡方距离为衡量各种植区域烟叶样品间综合品质差异大小的指标，采用离差平方和法对 B2F、C3F 等级烟叶样品综合得分进行系统聚类分析，结果如图 2-3、图 2-4 所示。

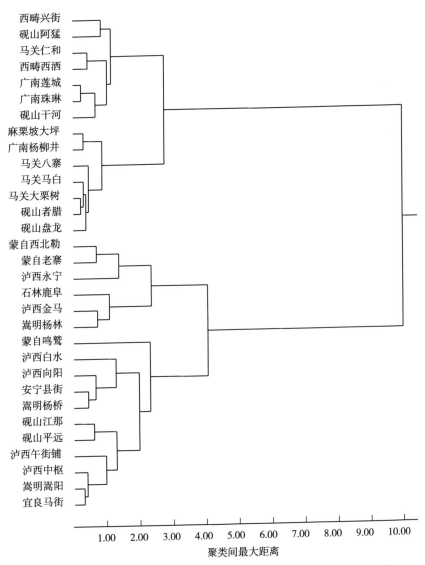

图 2-3　NC297 品种不同种植区域 B2F 等级烟叶综合得分系统聚类图

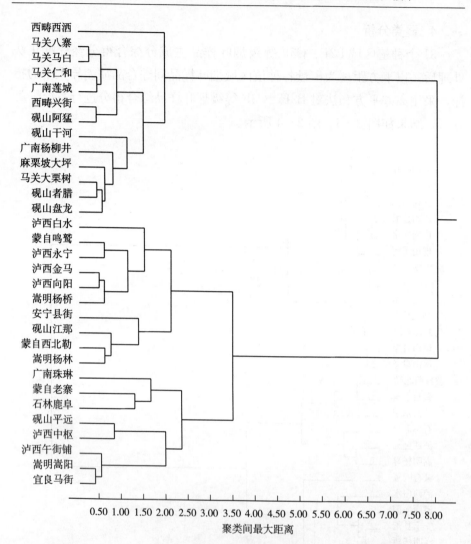

图 2-4　NC297 品种不同种植区域 C3F 等级烟叶综合得分系统聚类图

5. NC297 品种不同种植区域烟叶综合品质评价

在图 2-3 系统聚类图中按距离系数 2.30 截取，将 31 个种植区域 B2F 烟叶的综合品质分为 5 类，各类的烟叶综合品质状况、样本数量、样本分布情况见表 2-29。从表 2-29 可知：

（1）第一类种植区域的烟叶综合品质≥1.272，平均综合得分 1.941，包括 7 个种植区域，分别是砚山干河、广南珠琳、广南莲城、西畴西洒、马关仁和、砚山阿猛、西畴兴街，该种植区域可以视为烟叶综合品质好。

(2) 第二类种植区域的烟叶综合品质≥1.045，平均综合得分1.538，包括7个种植区域，分别是砚山盘龙、砚山者腊、马关大栗树、马关马白、马关八寨、广南杨柳井、麻栗坡大坪，该种植区域可以视为烟叶综合品质较好。

(3) 第三类种植区域的烟叶综合品质≥−1.768，平均综合得分−1.104，包括11个种植区域，分别是泸西午街铺、砚山平远、安宁县街、嵩明杨桥、泸西白水、蒙自鸣鹫、砚山江那、嵩明嵩阳、泸西中枢、宜良马街、泸西向阳，该种植区域可以视为烟叶综合品质中等。

(4) 第四类种植区域的烟叶综合品质≥−1.881，平均综合得分−1.799，包括3个种植区域，分别是嵩明杨林、石林鹿阜、泸西金马，该种植区域可以视为烟叶综合品质稍差。

(5) 第五类种植区域的烟叶综合品质≥−2.554，平均综合得分−2.272，包括3个种植区域，分别是泸西永宁、蒙自老寨、蒙自西北勒，该种植区域可以视为烟叶综合品质差。

表 2-29 NC297 品种（B2F 等级）综合品质不同类别的样本分布情况

类别	综合品质	区域个数	分布区域
1	好	7	砚山干河、广南珠琳、广南莲城、西畴西洒、马关仁和、砚山阿猛、西畴兴街
2	较好	7	砚山盘龙、砚山者腊、马关大栗树、马关马白、马关八寨、广南杨柳井、麻栗坡大坪
3	中等	11	泸西午街铺、砚山平远、安宁县街、嵩明杨桥、泸西白水、蒙自鸣鹫、砚山江那、嵩明嵩阳、泸西中枢、宜良马街、泸西向阳
4	稍差	3	嵩明杨林、石林鹿阜、泸西金马
5	差	3	泸西永宁、蒙自老寨、蒙自西北勒

在图 2-4 系统聚类图中按距离系数 2.25 截取，将 31 个种植区域C3F 等级烟叶的综合品质分为 5 类，各类的烟叶综合品质状况、样本数量、样本分布情况见表 2-30。从表 2-30 可知：

(1) 第一类种植区域的烟叶综合品质≥0.634，平均综合得分1.134，包括13个种植区域，分别是砚山盘龙、砚山者腊、砚山干河、砚山阿猛、广南莲城、广南杨柳井、西畴西洒、西畴兴街、麻栗坡大坪、马关马白、马关大栗树、马关八寨、马关仁和，该种植区域可以视为烟叶综合品质好。

（2）第二类种植区域的烟叶综合品质≥－1.171，平均综合得分0.064，包括 3 个种植区域，分别是石林鹿阜、蒙自老寨、广南珠琳，该种植区域可以视为烟叶综合品质较好。

（3）第三类种植区域的烟叶综合品质≥－0.515，平均综合得分0.028，包括 5 个种植区域，分别是宜良马街、嵩明嵩阳、泸西中枢、泸西午街铺、砚山平远，该种植区域可以视为烟叶综合品质中等。

（4）第四类种植区域的烟叶综合品质≥－1.873，平均综合得分－1.251，包括 6 个种植区域，分别是嵩明杨桥、泸西向阳、泸西金马、泸西白水、泸西永宁、蒙自鸣鹫，该种植区域可以视为烟叶综合品质稍差。

（5）第五类种植区域的烟叶综合品质≥－2.878，平均综合得分－1.892，包括 4 个种植区域，分别是嵩明杨林、安宁县街、蒙自西北勒、砚山江那，该种植区域可以视为烟叶综合品质差。

表 2－30　NC297 品种（C3F 等级）综合品质不同类别的样本分布情况

类别	综合品质	区域个数	分布区域
1	好	13	砚山盘龙、砚山者腊、砚山干河、砚山阿猛、广南莲城、广南杨柳井、西畴西洒、西畴兴街、麻栗坡大坪、马关马白、马关大栗树、马关八寨、马关仁和
2	较好	3	石林鹿阜、蒙自老寨、广南珠琳
3	中等	5	宜良马街、嵩明嵩阳、泸西中枢、泸西午街铺、砚山平远
4	稍差	6	嵩明杨桥、泸西向阳、泸西金马、泸西白水、泸西永宁、蒙自鸣鹫
5	差	4	嵩明杨林、安宁县街、蒙自西北勒、砚山江那

（四）讨论

应用主成分分析法对烤烟品质区域划分进行研究，通常先对烟叶化学成分进行相关性分析及主成分分析，然后再对化学成分的主成分得分与感官质量得分进行符合性评价（马云明等，2011；聂鑫等，2016；李国栋等，2008），或者对外观质量评价、感官质量、经济性状和致香成分进行相关性分析及主成分分析（甘小平等，2014），或仅仅对烟叶化学成分（董高峰等，2010）、化学成分与物理性状（王育军等，2015）、外观质量与化学成分（叶协锋等，2009）或致香成分（潘玲等，2016；赵华武等，2012）、物理性状（赵瑞蕊等，2012）进行相关性分析及主成分分析，最终得出烤烟品种品质区域划分结论。有些采用雷达图（程君奇等，2016；魏春阳等，2009）、AMMI（加性主效应和乘积交互作用模型）（舒俊生等，2012）、主成分分析结合聚类分析应用外观质量（薛超群等，2018）对烤烟品种品质区域进行划分，有些采用灰色多层次综合评判与系统聚类法对烤烟品质进行区域划分（刘琳琳，2014），也有些应用光照因子和热量因子，利用系统聚类方法对烤烟生态区域进行划分（李枝桦等，2016）。

本研究把 NC297 烟叶的主要化学成分指标和感官质量评价指标进行相关性分析及主成分分析，通过系统聚类进行 NC297 品种品质区域划分。由于卷烟工业企业更为关注烤烟化学成分和感官质量的协调性，因此这种方法较以往的研究可以较为全面、准确地对烤烟品种进行品质区域划分。

（五）结论

通过对 NC297 品种 B2F 和 C3F 等级烟样在不同种植区域的化学成分、感官质量指标进行聚类分析，可将昆明、红河和文山 31 个 NC297 品种种植区域分为 5 类：

（1）第 1 类种植区域，分别是砚山干河（B2F、C3F）、广南莲城（B2F、C3F）、西畴西洒（B2F、C3F）、马关仁和（B2F、C3F）、砚山阿猛（B2F、C3F）、西畴兴街（B2F、C3F）、砚山盘龙（C3F）、砚山者腊（C3F）、广南杨柳井（C3F）、麻栗坡大坪（C3F）、马关马白（C3F）、马关大栗树、马关八寨（C3F），烟叶综合品质好。

（2）第 2 类种植区域，分别是砚山盘龙（B2F）、砚山者腊（B2F）、马关大栗树（B2F）、马关马白（B2F）、马关八寨（B2F）、广南杨柳井（B2F）、麻栗坡大坪（B2F）、石林鹿阜（C3F）、蒙自老寨（C3F）、广南珠琳（C3F），烟叶综合品质较好。

（3）第 3 类种植区域，分别是宜良马街（B2F、C3F）、嵩明嵩阳

（B2F、C3F）、泸西中枢（B2F、C3F）、泸西午街铺（B2F、C3F）、砚山平远（B2F、C3F）、安宁县街（B2F）、嵩明杨桥（B2F）、泸西白水（B2F）、蒙自鸣鹫（B2F）、砚山江那（B2F）、泸西向阳（B2F），烟叶综合品质中等。

（4）第 4 类种植区域，分别是泸西金马（B2F、C3F）、嵩明杨林（B2F）、石林鹿阜（B2F）、嵩明杨桥（C3F）、泸西向阳（C3F）、泸西白水（C3F）、泸西永宁（C3F）、蒙自鸣鹫（C3F），烟叶综合品质稍差。

（5）第 5 类种植区域，分别是蒙自西北勒（B2F、C3F）、泸西永宁（B2F）、蒙自老寨（B2F）、嵩明杨林（C3F）、安宁县街（C3F）、砚山江那（C3F），烟叶综合品质差。

云南作为中国最大的烟叶产区，其生态区域特性差异较大，不同的品种在不同的生态区域有着不同的表现（杨欣等，2019；侯跃亮等，2018；李晓婷等，2018；聂庆凯等，2018；李亚培等，2015），这点从本研究结果中得到了印证。为了更好地丰富中国烟草品种的种质资源，为烟叶生产提供更多适应强、表现好的优质烟叶品种，引进更多的国外品种资源，在不同的生态区域进行区试和示范性试验，是加速中国优质烟叶品种本土化和品种的更新换代、促进烟叶生产健康稳定可持续发展的重要举措。

十二、施氮量、株距、留叶数、打顶时期对 NC297 品种烟叶产质量的影响研究

（一）研究背景

烟草的种植密度、施氮量及打顶留叶是烟叶生产过程中最基础的栽培技术，同时也是影响烟叶产质量的关键因素。研究表明，种植密度、施氮量及留叶数与烟叶的产量呈正相关，在一定范围内增加种植密度、施氮量及留叶数均可增加烟叶的产值（杨军章等，2012；周亚哲等，2016；吴帼英等，1983）；但种植密度、施氮量偏大或偏小，都不利于烟叶品质的形成，进而降低其经济效益及工业可用性（沈杰等，2016；杨隆飞等，2011）。研究发现，适当增加留叶数，有利于减少烟叶中烟碱的含量，增加中性致香物质的含量，对于提高上部叶的质量有重要的作用（高贵等，

2005；邱标仁等，2000；史宏志等，2011）。只有适宜的种植密度、施氮量及留叶数才可使烟叶获得较高的经济效益，较好的内在质量，所以这三者一直是烟草科学研究的重点。

由此，笔者通过种植密度、施氮量及留叶数对 NC297 品种农艺性状、外观质量、内在化学成分及经济性状等方面的影响，探究出 NC297 品种在本地适宜的种植密度、施氮量及留叶数，为 NC297 在本地的种植及推广提供理论基础。

（二）材料与方法

1. 试验地点

昆明市石林县鹿阜镇鱼龙坝村委会。海拔 1 690m。

2. 供试土壤养分状况

pH 7.8，有机质 23.0g/kg，速效氮 96.3mg/kg，有效磷 17.7mg/kg，速效钾 116.9mg/kg。

3. 试验设计和处理

试验采用 $L_{27}(3^{13})$ 正交试验设计，考虑施氮量、株距、留叶数、打顶时期 4 个因素，每个因素设 3 个水平，共计 27 个小区，采用完全随机设计，每个小区 60 株。施肥量（只设氮肥用量梯度，磷、钾肥数量相同），复合肥配方 N：P_2O_5：K_2O＝12：10：24；氮磷钾比例 N：P_2O_5：K_2O＝1：1：2.5。30％的氮肥和 100％磷肥做基肥施用，38.7％的氮肥在移栽后 15d 做追肥施用，31.3％的氮肥在移栽后 22d 做追肥施用。试验因素与水平见表 2-31。

表 2-31　试验因素与水平表

因素水平	施 N 量（kg/hm²）	株距（m）	留叶数（片）	打顶时期
1	82.5	0.50	20	扣心打顶
2	105.0	0.55	22	现蕾打顶
3	127.5	0.60	24	初花打顶

4. 种植规格、施肥与田间管理

移栽后浇定根水。移栽后 15d 和 22d 结合追肥灌水。叶面喷施 80％代森锌可湿性粉剂 800 倍液防治炭疽病，叶面喷施 40％菌核净可湿性粉剂500倍液防治赤星病，叶面喷施36％甲基硫菌灵悬浮剂1 000倍液防治白粉病，叶面喷施5％吡虫啉乳油1 200倍液防治烟蚜，叶面喷施40％灭多威可湿性粉剂1 500倍液防治烟青虫。手工打顶除杈。

5. 田间调查与样品采集、分析

（1）调查内容。主要经济性状（产量、产值、上等烟比例）。

（2）采烤与测产。严格成熟采摘、科学烘烤。烘烤前严格分小区进行挂牌进炉，烤后要严格区分和堆放。每烤1炉，回潮后立即分小区测产，并预留好要取样的烟叶用标签标记，妥善保管。

（3）烟叶取样及品质评价。每个小区取C3F等级样品1kg。分析烟叶总糖、还原糖、烟碱、总氮、钾、氯。

6. 数据统计与分析

采用DPS数据分析软件对数据进行多重比较和方差显著性分析。

（三）结果与分析

1. 经济性状

（1）产量。通过表2-32可看出，施氮量的p值达极显著水平；其他变异来源未达到显著水平。

表2-32　正交设计方差分析表

变异来源	平方和	自由度	均方	F值	p值
施氮量	4 936 429.166 7	2	2 468 214.583 3	89.113 0	0.000 03
株距	90 756.166 7	2	45 378.083 3	1.638 3	0.270 57
施氮量×株距	8 514.666 7	2	4 257.333 3	0.153 7	0.860 79
留叶数	36 832.166 7	2	18 416.083 3	0.664 9	0.548 50
施氮量×留叶数	30 272.666 7	2	15 136.333 3	0.546 5	0.605 30
株距×留叶数	89 897.166 7	2	44 948.583 3	1.622 8	0.273 30
打顶时期	52 029.166 7	2	26 014.583 3	0.939 2	0.441 70
施氮量×打顶时期	7 818.166 7	2	3 909.083 3	0.141 1	0.871 17
株距×打顶时期	14 513.166 7	2	7 256.583 3	0.262 0	0.777 88
留叶数×打顶时期	16 008.166 7	2	8 004.083 3	0.289 0	0.758 89
误差	166 185.500 0	6	27 697.583 3		
总和	5 449 256.167 0				

通过表 2 - 33 可看出，NC297 品种产量最高的栽培措施：施纯氮 105.0kg/hm²，株距 0.55m，留叶数 24，现蕾打顶。

表 2 - 33　均值比较表

因子	均值		
	水平 1	水平 2	水平 3
施氮量	2 625.666 7	3 610.666 7	3 426.500 0
株距	3 139.000 0	3 264.333 3	3 259.500 0
施氮量×株距	3 233.166 7	3 233.833 3	3 195.833 3
留叶数	3 216.666 7	3 178.000 0	3 268.166 7
施氮量×留叶数	3 174.500 0	3 236.166 7	3 252.166 7
株距×留叶数	3 277.333 3	3 243.833 3	3 141.666 7
打顶时期	3 222.333 3	3 274.000 0	3 166.500 0
施氮量×打顶时期	3 209.500 0	3 208.333 3	3 245.000 0
株距×打顶时期	3 253.333 3	3 200.333 3	3 209.166 7
留叶数×打顶时期	3 199.500 0	3 208.333 3	3 255.000 0

（2）产值。通过表 2 - 34 可看出，施氮量的 p 值达极显著水平，株距的 p 值达显著水平，其他变异来源未达到显著水平。

表 2 - 34　正交设计方差分析表

变异来源	平方和	自由度	均方	F 值	p 值
施氮量	1 721 305 166.00	2	860 652 583.00	142.393 6**	0.000 01
株距	92 924 066.00	2	46 462 033.00	7.687 1*	0.022 12
施氮量×株距	13 547 749.50	2	6 773 874.75	1.120 7	0.385 87
留叶数	48 084 318.00	2	24 042 159.00	3.977 7	0.079 47
施氮量×留叶数	6 234 990.50	2	3 117 495.25	0.515 8	0.621 29
株距×留叶数	42 334 935.50	2	21 167 467.75	3.502 1	0.098 22
打顶时期	14 268 480.50	2	7 134 240.25	1.180 3	0.369 60
施氮量×打顶时期	3 216 862.50	2	1 608 431.25	0.266 1	0.774 94
株距×打顶时期	17 027 834.00	2	8 513 917.00	1.408 6	0.315 11
留叶数×打顶时期	4 516 584.00	2	2 258 292.00	0.373 6	0.703 19
误差	36 265 080.00	6	6 044 180.00		
总和	1 999 726 066.50				

通过表 2 - 35 可看出，NC297 品种产值最高的栽培措施：施纯氮 105.0kg/hm²，株距 0.6m，留叶数 24，现蕾打顶。

表 2 - 35　均值比较表

因子	均值		
	水平 1	水平 2	水平 3
施氮量	50 457.166 7	68 608.833 3	65 839.500 0
株距	59 061.500 0	62 480.833 3	63 363.166 7
施氮量×株距	62 000.666 7	62 260.166 7	60 644.666 7
留叶数	61 320.166 7	60 181.166 7	63 404.166 7
施氮量×留叶数	61 262.500 0	62 313.666 7	61 329.333 3
株距×留叶数	62 902.000 0	62 073.333 3	59 930.166 7
打顶时期	61 452.500 0	62 602.666 7	60 850.333 3
施氮量×打顶时期	61 651.833 3	61 204.333 3	62 049.333 3
株距×打顶时期	61 151.166 7	60 999.500 0	62 754.833 3
留叶数×打顶时期	62 085.833 3	61 095.833 3	61 723.833 3

（3）上等烟比例。通过表 2 - 36 可看出，各个因子及因子互作的 p 值均未达到显著水平，说明各个因子和因子互作对上等烟比例影响不显著。

表 2 - 36　正交设计方差分析表

变异来源	平方和	自由度	均方	F 值	p 值
施氮量	15.337 4	2	7.668 7	0.148 5	0.865 0
株距	282.096 8	2	141.048 4	2.731 9	0.143 4
施氮量×株距	2.669 6	2	1.334 8	0.025 9	0.974 6
留叶数	176.685 0	2	88.342 5	1.711 1	0.258 2
施氮量×留叶数	21.707 1	2	10.853 5	0.210 2	0.816 1
株距×留叶数	8.786 4	2	4.393 2	0.085 1	0.919 5
打顶时期	0.132 7	2	0.066 3	0.001 3	0.998 7
施氮量×打顶时期	41.307 6	2	20.653 8	0.400 0	0.686 9
株距×打顶时期	339.528 7	2	169.764 3	3.288 1	0.108 6
留叶数×打顶时期	253.952 7	2	126.976 3	2.459 4	0.165 9
误差	309.778 1	6	51.629 7		
总和	1 451.982 1				

通过表 2-37 可看出，NC297 品种上等烟比例最高的栽培措施：施纯氮 105.0kg/hm²，株距 0.6m，留叶数 24，初花打顶。

表 2-37　均值比较表

因子	均值		
	水平 1	水平 2	水平 3
施氮量	72.921 1	73.095 6	71.416 7
株距	68.984 4	71.671 1	76.777 8
施氮量×株距	72.352 2	72.910 0	72.171 1
留叶数	70.744 4	70.594 4	76.094 4
施氮量×留叶数	73.714 4	72.102 2	71.616 7
株距×留叶数	72.891 1	72.871 1	71.671 1
打顶时期	72.383 3	72.498 9	72.551 1
施氮量×打顶时期	73.787 8	70.818 9	72.826 7
株距×打顶时期	70.143 3	69.801 1	77.488 9
留叶数×打顶时期	76.812 2	70.444 4	70.176 7

2. 化学成分协调性

烤烟化学成分评价指标包括烟碱、总氮、还原糖、钾、糖碱比、钾氯比、两糖比、氮碱比。各指标的权重参照中国烟草总公司发布的《烤烟新品种工业评价方法》，依次为 0.14、0.07、0.14、0.06、0.22、0.10、0.12、0.15，再根据《烤烟新品种工业评价方法》进行烤烟化学成分指标赋值（表 2-38），采用指数和法评价烤烟化学成分协调性。

表 2-38　烟叶化学成分评价指标赋值方法

指标	得分						
	100	100~90	90~80	80~70	70~60	60~30	30
烟碱（%）	2.2~2.8	2.2~2.0	2.0~1.8	1.8~1.7	1.7~1.6	1.6~1.2	<1.2
		2.8~3.0	3.0~3.1	3.1~3.2	3.2~3.3	3.3~3.5	>3.5
总氮（%）	1.8~2.0	1.8~1.6	1.6~1.5	1.5~1.4	1.4~1.3	1.3~1.0	<1.0
		2.0~2.2	2.2~2.3	2.3~2.4	2.4~2.5	2.5~2.8	>2.8
还原糖（%）	24.0~28.0	24.0~22.0	22.0~20.0	20.0~18.0	18.0~16.0	16.0~14.0	<14.0
		28.0~30.0	30.0~31.0	31.0~32.0	32.0~33.0	33.0~35.0	>35.0
钾（%）	>2.5	2.5~2.0	2.0~1.6	1.6~1.4	1.4~1.2	1.2~1.0	<1.0

（续）

指标	得分						
	100	100～90	90～80	80～70	70～60	60～30	30
糖碱比	8.0～10.0	8.0～7.0	7.0～6.5	6.5～6.0	6.0～5.5	5.5～4.0	<4.0
		10.0～12.0	12.0～14.0	14.0～16.0	16.0～18.0	18.0～20.0	>20.0
钾氯比	≥8.0	8.0～6.0	6.0～4.0	4.0～3.0	3.0～2.0	2.0～1.0	<1.00
两糖比	≥0.9	0.9～0.85	0.85～0.80	0.80～0.75	0.75～0.70	0.70～0.60	<0.60
氮碱比	0.90～1.00	0.90～0.80	0.80～0.70	0.70～0.65	0.65～0.60	0.60～0.50	<0.50
		1.00～1.10	1.10～1.20	1.20～1.25	1.25～1.30	1.30～1.40	>1.40

（1）上部叶化学成分协调性得分。通过表 2-39 可看出，各个因子及因子互作的 p 值均未达到显著水平，说明各个因子和因子互作对上部叶化学成分协调性得分影响不显著。

表 2-39 正交设计方差分析表

变异来源	平方和	自由度	均方	F 值	p 值
施氮量	13.483 1	2	6.741 5	0.131 7	0.879 0
株距	43.955 6	2	21.977 8	0.429 5	0.669 4
施氮量×株距	22.937 4	2	11.468 7	0.224 1	0.805 6
留叶数	465.823 1	2	232.911 6	4.551 2	0.062 7
施氮量×留叶数	17.305 0	2	8.652 5	0.169 1	0.848 3
株距×留叶数	200.660 5	2	100.330 2	1.960 5	0.221 2
打顶时期	21.717 6	2	10.858 8	0.212 2	0.814 6
施氮量×打顶时期	15.877 4	2	7.938 7	0.155 1	0.859 6
株距×打顶时期	283.833 5	2	141.916 8	2.773 1	0.140 3
留叶数×打顶时期	20.366 9	2	10.183 5	0.199 0	0.824 8
误差	307.055 2	6	51.175 9		
总和	1 413.015 3				

从表 2-40 可以看出，NC297 品种上部叶化学成分协调性得分最高的栽培措施：施纯氮 82.5kg/hm²，株距 0.50m，留叶数 24，扣心打顶。

表 2-40 上部叶化学成分协调性得分均值比较表

因子	均值		
	水平 1	水平 2	水平 3
施氮量	57.022 2	55.295 6	56.264 4

（续）

因子	均值		
	水平 1	水平 2	水平 3
株距	57.380 0	56.778 9	54.423 3
施氮量×株距	56.667 8	57.008 9	54.905 6
留叶数	51.757 8	55.077 8	61.746 7
施氮量×留叶数	57.192 2	56.157 8	55.232 2
株距×留叶数	53.160 0	55.651 1	59.771 1
打顶时期	57.434 4	55.803 3	55.344 4
施氮量×打顶时期	56.888 9	55.125 6	56.567 8
株距×打顶时期	55.331 1	60.525 6	52.725 6
留叶数×打顶时期	55.201 1	56.064 4	57.316 7

（2）中部叶化学成分协调性得分。通过表 2-41 可看出，各个因子及因子互作的 p 值均未达到显著水平，说明各个因子和因子互作对中部叶化学成分协调性得分影响不显著。

表 2-41 正交设计方差分析表

变异来源	平方和	自由度	均方	F 值	p 值
施氮量	29.903 6	2	14.951 8	0.273 2	0.769 9
株距	101.866 0	2	50.933 0	0.930 6	0.444 6
施氮量×株距	14.180 5	2	7.090 2	0.129 5	0.880 9
留叶数	44.167 1	2	22.083 6	0.403 5	0.684 8
施氮量×留叶数	79.897 3	2	39.948 6	0.729 9	0.520 3
株距×留叶数	84.531 2	2	42.265 6	0.772 2	0.503 0
打顶时期	13.189 4	2	6.594 7	0.120 5	0.888 6
施氮量×打顶时期	10.705 5	2	5.352 7	0.097 8	0.908 2
株距×打顶时期	12.056 2	2	6.028 1	0.110 1	0.897 5
留叶数×打顶时期	46.927 7	2	23.463 8	0.428 7	0.669 8
误差	328.386 9	6	54.731 2		
总和	765.811 4				

从表 2-42 可以看出，NC297 品种中部叶化学成分协调性得分最高的栽培措施：施纯氮 $82.5kg/hm^2$，株距 $0.60m$，留叶数 20，初花打顶。

表 2-42　中部叶化学成分协调性得分均值比较表

因子	均值		
	水平 1	水平 2	水平 3
施氮量	78.536 7	78.360 0	76.221 1
株距	75.136 7	78.148 9	79.832 2
施氮量×株距	76.695 6	78.062 2	78.360 0
留叶数	79.422 2	77.342 2	76.353 3
施氮量×留叶数	80.121 1	76.245 6	76.751 1
株距×留叶数	79.925 6	75.595 6	77.596 7
打顶时期	77.251 1	77.173 3	78.693 3
施氮量×打顶时期	78.451 1	77.755 6	76.911 1
株距×打顶时期	77.668 9	76.906 7	78.542 2
留叶数×打顶时期	77.035 6	79.547 8	76.534 4

（四）结论

1. 经济性状

NC297 品种经济性状最佳的栽培措施：在中等土壤肥力条件下，施纯氮 $105.0kg/hm^2$，株距 $0.55\sim0.6m$，留叶数 24，现蕾至初花时打顶。

2. 化学成分协调性

NC297 品种上部叶化学成分协调性得分最高的栽培措施：施纯氮 $82.5kg/hm^2$，株距 $0.50m$，留叶数 24，扣心打顶。

NC297 品种中部叶化学成分协调性得分最高的栽培措施：施纯氮 $82.5kg/hm^2$，株距 $0.60m$，留叶数 20，初花打顶。

十三、轮作及连作对 NC297 品种烟叶产质量的影响研究

（一）研究背景

大量研究表明，轮作能充分利用土壤养分，提高施肥效益，保持、恢

复和提高土壤肥力，消除土壤中的有毒物质，减少病虫害，提高烟叶产量和质量（林福群等，1996）。研究证明，实行稻烟轮作，水旱交替，能显著提高土壤肥力，减轻病虫害的危害（李天金，2000）。研究结果表明，按照烤烟—小麦—玉米—烤烟进行隔年轮作，有条件的地方实行水旱轮作，可以减轻各种病害，特别是花叶病的危害（肖枢等，1997）。通过研究烟草根结线虫与轮作的关系表明，轮作可显著降低虫口密度，减少线虫种群（何念杰等，1995）。经过 4 年研究指出，稻烟轮作能有效地控制烟草青枯病等土传病害，并能减轻烟草赤星病和野火病等叶斑类病害的危害（刘方等，2002）。研究证明，轮作可以改善连作对烤烟品质带来的不利影响。但是我国大多数烟区由于受耕地资源、种植条件以及生产成本等诸多因素的限制，实行烟草轮作和休耕的种植方式还存在较大难度，常年的烟草连作种植在我国较为普遍，连作障碍是目前制约我国烟草生产可持续发展的关键瓶颈问题（高林等，2019）。

因此，本文研究轮作及不同连作年限对烟田土壤状况及 NC297 品种烟叶产质量的影响，以期对 NC297 品种生产布局提供一定的理论依据。

（二）试验设计

2010 年在嵩明县嵩阳镇大庄村委会进行 NC297 品种不同种植制度（轮作与 3 年连作）的试验，轮作与 3 年连作田块施氮量相同，施纯氮 105.0kg/hm^2。在同一片田块内各选 3 户轮作与 3 户 3 年连作的栽培烘烤正常的农户田块进行试验。在轮作和 3 年连作试验田内各取 3 个土样、3 套烟样（含 C3F 等级 2kg）。土样进行常规分析，烟样进行常规化学成分分析和感官评吸。

在烤烟采收结束后用环刀取土样进行土壤容重、孔隙度、土壤持水量和土壤水分检测，以比较轮作与 3 年连作对 NC297 品种种植区域的土壤理化性状、经济性状及烟叶品质的影响。

（三）试验结果及分析

1. 轮作与连作对 NC297 品种种植区域经济性状的影响

从表 2 - 43 可看出，NC297 品种在轮作田块种植的各项经济性状优于 3 年连作田块。

表 2-43 轮作和连作对 NC297 经济性状的影响

轮作/连作	调查农户	产量（kg/hm²）	产值（元/hm²）
轮作	姜绍祥	2 400	53 520
	施文灿	2 370	52 860
	张开群	2 280	50 835
	平均	2 350	52 405
3 年连作	赵贵	2 115	47 160
	刘小庄	2 145	47 835
	陈绍全	2 175	48 450
	平均	2 145	47 815

2. 轮作与连作对 NC297 品种种植区域土壤理化性状的影响

从表 2-44、表 2-45 可看出，NC297 品种轮作土壤的养分状况和理化性状均优于 3 年连作的土壤。

表 2-44 NC297 轮作与 3 年连作土壤养分状况比较

耕作方式	pH	有机质（g/kg）	碱解氮（mg/kg）	有效磷（mg/kg）	速效钾（mg/kg）
轮作	7.1	40.3	150.5	14.1	125.1
3 年连作	6.5	33.3	102.9	9.4	97.6

表 2-45 NC297 轮作与 3 年连作土壤物理性状比较

耕作方式	自然含水量（%）	容重（g/cm³）	比重（g/cm³）	总孔隙度（%）	毛管孔隙度（%）	非毛管孔隙度（%）	田间持水量（%）	毛管持水量（%）
轮作	40.4	1.1	2.5	64.4	2.5	61.9	29.1	38.8
3 年连作	28.7	1.2	2.4	59.5	2.4	57.1	24.4	36.2

3. 轮作与连作对 NC297 品种烟叶化学品质的影响

从表 2-46 可看出，NC297 品种轮作田块的烟叶内在化学成分协调性比 3 年连作田块好，更符合《云南中烟工业公司企业标准》（Q/YZY1—2009）烤烟主要内在化学成分指标要求。

表 2 - 46 NC297 轮作与 3 年连作烟叶内在化学成分比较

耕作方式	总氮 （%）	烟碱 （%）	总糖 （%）	还原糖 （%）	钾 （%）	氯 （%）	氮碱比	糖差
轮作	2.2	2.9	25.9	22.7	1.8	0.2	0.8	3.2
3 年连作	1.2	3.9	22.8	17.5	1.2	0.7	0.3	5.3

4. 轮作与连作对 NC297 品种烟叶感官质量的影响

从表 2 - 47 可看出，NC297 品种轮作田块烟叶感官质量总分高于 3 年连作的田块。

表 2 - 47 NC297 轮作与 3 年连作烟叶感官质量评价

耕作方式	香气量	香气质	口感	杂气	劲头	总分
轮作	13.4	53.0	13.1	6.6	6.5	86.1
3 年连作	13.5	52.3	12.8	6.4	6.9	85.0

（四）结论

NC297 品种轮作田块的土壤物理性状、养分状况及烟叶产质量均优于 3 年连作的田块。

十四、NC297 品种不同部位烟叶最适采收叶龄试验研究

（一）研究背景

烟叶成熟度被认为是影响烟叶质量的首要因素，也是保证和提高烤后烟叶品质及其工业可用性的前提（陈乾锦等，2020）。左天觉（1993）研究认为，成熟采收对烟叶品质的贡献占整个烤烟生产技术环节的贡献超过 1/3。通常所说烟叶成熟度包含田间鲜烟叶的熟度和调制成熟度两方面，其中田间鲜烟叶成熟度是烟叶在田间生长发育过程中所表现出来的成熟度（叶为民等，2013）。田间鲜烟叶的采收成熟度与烤烟烟叶品质有密切关系，而田间鲜烟叶的植物学性状是直观判断烟叶成熟度的关键因子，因此筛选到田间鲜烟叶最佳采烤成熟度及烟叶成熟时期关键植物学形态对提高烟叶品质的具有举足轻重的作用（曾祥难等，2013；赵铭钦等，2008；赵铭钦等，2013）。

由此，笔者研究了不同采收成熟度对 NC297 品种烟叶烘烤质量形成的原因，为制定符合 NC297 品种质量风格的成熟采收技术标准，以及提

高 NC297 品种烟叶的烘烤质量提供参考依据。

（二）材料与方法

试验安排在嵩明县嵩阳镇大庄村委会。各选 3 户烟叶生长正常、烘烤技术好的农户，对 NC297 品种的下部叶、中部叶、上部叶分别进行不同采收叶龄采烤的试验。

每个采收叶龄选择 300 株烟进行采烤，共计 900 株烟。以下部叶 4~6 叶位、中部叶 10~12 叶位、上部叶 16~18 叶位分别代表下部、中部、上部叶，每次采 600~700 片鲜烟叶进行烘烤。

（三）试验设计

NC297 品种下部叶分别设 53d、60d、67d 叶龄 3 个处理；中部叶分别设 67d、74d、81d 叶龄 3 个处理；上部叶分别设 88d、95d、102d 叶龄 3 个处理。同时对不同部位不同采收叶龄烟叶进行外观特征描述，其中包括烟叶落黄程度、主支脉变黄程度、茸毛脱落程度、成熟斑、焦边焦尖及枯斑的描述。各处理烘烤结束后统计上中等烟比例及杂色烟比例，且对每个部位每个采收叶龄取 1 个烟样（2kg），进行烟叶的常规化学成分分析和感官评吸，以便找出 NC297 品种烟叶的最适宜采收叶龄。

（四）结果与分析

1. 不同部位不同采收叶龄的烟叶外观特征描述

从表 2 - 48 可以出，NC297 品种烟叶外观显示的最适采收叶龄分别是：下部叶 60d，中部叶 74d，上部叶 95d。

表 2 - 48 NC297 品种不同采收叶龄的烟叶外观特征描述

处理	叶龄(d)	落黄程度	主枝脉变白程度	茸毛脱落程度	成熟斑	焦边焦尖	枯斑
下部叶	53	青片带黄	叶缘支脉和叶片同色	稍有	无	无	无
	60	青黄各半	1/3~1/2 变白	有	稍有	有	无
	67	黄多青少	1/2 变白	有	稍有	有	稍有
中部叶	67	青黄各半	1/2 变白	有	稍有	无	无
	74	黄多青少	1/2~2/3 变白	多	有	有	稍有
	81	叶片全黄	2/3 以上变白	多	有	有	有

（续）

处理	叶龄 (d)	落黄程度	主枝脉变白程度	茸毛脱 落程度	成熟斑	焦边 焦尖	枯斑
上部叶	88	青黄各半	1/2 变白	多	稍有	稍有	稍有
	95	黄多青少	1/2～2/3 变白	多	有	有焦边	稍有
	102	叶片全黄	全白	多	有	有焦尖	有

2. 不同部位不同采收叶龄的烤后烟叶经济性状比较

从表 2－49 可看出，NC297 品种在下部叶叶龄 60d、中部叶叶龄 74d，上部叶叶龄 95d 时采烤的烟叶上中等烟比例最高，杂色烟和微带青烟比例最低。

表 2－49 NC297 品种不同叶龄采收对烟叶经济性状的影响

处理	叶龄 (d)	上中等烟比例 (%)	杂色烟比例 (%)	微带青烟比例 (%)
下部叶	53	28	72	28
	60	78.2	21.8	0
	67	57.6	42.4	0
中部叶	67	76.9	23.1	6.1
	74	97.2	2.8	0
	81	81.4	18.6	0
上部叶	88	59.3	40.7	4.8
	95	83.5	16.5	0
	102	57.9	42.1	0

3. 不同部位不同采收叶龄的烤后烟叶内在化学成分比较

从表 2－50 可看出，NC297 品种在下部叶叶龄 60d、中部叶叶龄 74d、上部叶叶龄 102d 采烤的烟叶常规化学成分更协调、更符合《云南中烟工业公司企业标准》（Q/YZY1—2009）烤烟主要内在化学成分指标要求。

表 2－50 NC297 品种不同叶龄采收对烤后烟叶常规化学成分的影响

处理	叶龄 (d)	总氮 (%)	烟碱 (%)	总糖 (%)	还原糖 (%)	钾 (%)	氯 (%)	氮碱比	糖差
下部叶	53	2.99	1.41	25.92	20.56	1.42	0.87	2.1	4.4
	60	1.99	1.97	30.74	27.60	1.90	0.36	1.0	3.1
	67	2.01	2.38	26.60	22.10	1.63	0.96	0.8	4.5
中部叶	67	1.68	3.08	22.47	16.63	1.16	0.73	0.5	5.8
	74	2.06	2.79	26.16	22.68	1.82	0.23	0.7	3.5
	81	2.55	3.35	21.84	15.00	1.06	0.70	0.8	5.8

（续）

处理	叶龄 （d）	总氮 （%）	烟碱 （%）	总糖 （%）	还原糖 （%）	钾 （%）	氯 （%）	氮碱比	糖差
	88	2.99	4.36	21.40	16.60	0.99	0.80	0.7	4.8
上部叶	95	2.55	3.12	26.24	23.20	1.76	0.40	0.8	3.0
	102	1.94	4.48	22.44	17.40	0.76	1.39	0.4	5.0

4. 不同部位不同叶龄采收的烤后烟叶感官质量评价

从表 2-51 可看出，NC297 品种在下部叶叶龄 60d、中部叶叶龄 74d，上部叶叶龄 95d 采烤的烟叶感官质量评价总分高于相应部位的其他采收叶龄采烤的烟叶。

表 2-51　NC297 品种不同叶龄采收对烤后烟叶感官质量的影响

处理	叶龄（d）	香气量	香气质	口感	杂气	总分	劲头
	53	12.5	50.5	13.0	5.5	81.5	6
下部叶	60	14.0	54.0	13.5	7.0	88.5	6
	67	13.0	51.5	12.5	6.5	83.5	6
	67	13.0	53.0	12.0	6.5	84.5	7
中部叶	74	14.0	55.0	13.0	7.0	89.0	6.5
	81	13.0	49.5	12.0	6.0	80.5	6.5
	88	13.5	52.0	12.5	6.5	84.5	7
上部叶	95	13.0	54.0	13.5	7.5	88.0	6.5
	102	12.5	50.5	12.5	6.0	81.5	6

（五）结论

NC297 品种的最适采收叶龄为下部叶 60d、中部叶 74d、上部叶 95d。

十五、NC297 品种烘烤工艺试验研究

（一）研究背景

烟叶烘烤是影响烟叶品质的关键步骤，变黄期是基础，定色期和干筋期是稳定烟叶化学成分和感官质量、香气量、香气质和刺激性等的重要时期（刘国顺，2003）。变黄期是增进和改善烟叶风格特点的重要阶段，此时期是烟叶大分子物质降解、小分子物质形成的重要时期，也是烟叶外观质量形成的关键时期（刘腾江等，2015）；定色阶段是终止烟叶内部生理

变化、固定烟叶品质并增进烟叶香气的工艺过程，也是烟叶品质形成最关键的时期，这个阶段也是技术操作最难以掌控的时期（王松峰等，2012；詹军等，2012）。因此，在变黄和定色阶段，若烘烤不当，会严重影响烟叶的外观和内在品质以及经济价值（王伟宁等，2013），关于烘烤的研究也多集中于这两个阶段。江厚龙等（2012）研究认为，当变黄期和定色期均延长 12h 时，能有效提高烤后烟叶的品质。张真美等（2016）研究认为，延长变黄和定色时间各 24h 能够有效促进新植二烯的积累；只延长变黄时间 24h，烟叶的中性致香成分含量均明显增加；只延长定色时间 24h 不利于香气质的形成；赵文军等（2015）研究发现，变黄后期的烘烤时间延长 11h、定色后期烘烤时间延长 4h，能够有效提高上中等烟的比例，改善烟叶外观和内在品质。一般情况下认为，在上部烟叶烘烤过程中，烟叶在变黄期达到变黄要求后再延长 8～12h，能够有效避免烟叶烤青。本书以 NC297 品种为试验对象，对变黄期与升温速度技术进行初步探索，旨在为烟叶烘烤精准工艺的实施提供一定的理论依据。

（二）材料与方法

试验安排在石林县鹿阜镇鱼龙坝村委会，选择标准化立式炉平板式烤房及烤烟生长良好、正常落黄成熟的 NC297 品种种植农户进行烟叶烘烤试验。试验分别用 NC297 品种的中部和上部叶烘烤 3 炉：

（1）第 1 炉参照 K326 品种的烟叶烘烤曲线进行烘烤，记录烘烤过程中烟叶和温湿度变化情况，对出炉干烟叶进行质量评价。

（2）第 2 炉根据第 1 炉烘烤过程中烟叶变化情况及出炉烟叶质量评价进行干湿球温度的修正和排湿速度的调整，开展烘烤并作相应记录。

（3）第 3 炉根据第 2 炉烘烤过程中烟叶变化情况及出炉烟叶质量评价进行干湿球温度的修正和排湿速度的调整，开展烘烤并作相应记录。最终通过总结中部和上部叶的各 3 炉烘烤记录找出 NC297 品种烟叶的最佳烘烤工艺曲线。

（三）结果与分析

1. 中部叶烘烤试验结果及分析

从表 2－52 可看出：

中部叶第1炉烤后上等烟比例、正组烟比例及均价较低，微带青烟比例较高。其原因主要是开始烘烤后升温太慢，而且当干球温度很低时，就开始打开地洞和天窗进行排湿，排湿速度过快，引起湿度降低，干湿球温差过大，导致烤后出现杂色烟叶；变黄中后期、定色干叶期及干筋期无稳温阶段，最终导致烟叶变黄速度太慢，烤后出现较多微带青烟叶。

表 2-52　中部叶烤后烟叶等级结构及经济性状调查表

烘烤炉数	上等烟比例（%）	上中等烟比例（%）	正组烟叶比例（%）	杂色烟比例（%）	微带青烟比例（%）	均价（元/kg）
第1炉	32.90	85.00	32.90	8.90	52.10	13.91
第2炉	40.10	93.40	84.40	6.60	9.00	17.55
第3炉	83.90	98.70	98.70	1.30	0.00	19.83

中部叶第2炉通过加快烤后升温速度，待干球温度升高后再逐渐打开地洞和天窗进行排湿，变黄中后期、定色干叶期及干筋期增加稳温阶段，上等烟比例、上中等烟比例、正组烟比例及均价较第一炉都有了较大提高，微带青烟比例有明显降低。

中部叶第3炉通过适当延长各个阶段的稳温时间，上等烟比例、上中等烟比例、正组烟比例及均价较第2炉有一定程度的提高，因此可以认为中部叶第3炉烘烤工艺是科学合理的。

中部叶第1炉、第2炉、第3炉的烘烤曲线分别见图2-5、图2-6、图2-7。

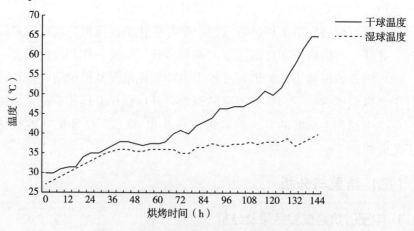

图 2-5　NC102 中部叶烘烤工艺图（第1炉）

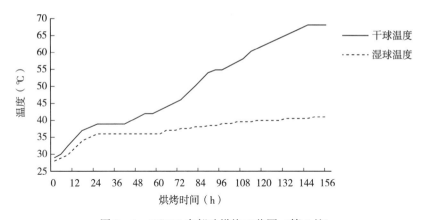

图 2-6　NC102 中部叶烘烤工艺图（第 2 炉）

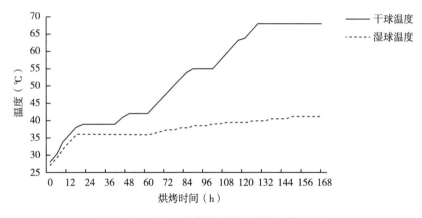

图 2-7　NC102 中部叶烘烤工艺图（第 3 炉）

2. 上部叶烘烤试验结果及分析

从表 2-53 可以看出：

上部叶第 1 炉烤后上等烟比例、正组烟比例及均价较低，杂色烟比例较高。其原因主要是变黄期前期干球温度升温较慢，天窗地洞打开速度太快，导致排湿速度太快，湿度不足，最终使烤后烟叶杂色烟较多。变黄中后期、干筋期无稳温阶段。

上部叶第 2 炉通过加快烤后升温速度，变黄中后期、干筋期增加稳温阶段，上等烟比例、上中等烟比例、正组烟比例及均价较第 1 炉都有了较大提高，杂色烟比例有明显降低。

上部叶第 3 炉通过适当延长各个阶段的稳温时间，上等烟比例、上中等烟比例、正组烟比例及均价较第 2 炉有一定程度的提高，因此可以认为上部叶第 3 炉烘烤工艺是科学合理的。

表 2 - 53　上部叶烤后烟叶等级结构及经济性状调查表

烘烤炉数	上等烟比例（%）	上中等烟比例（%）	正组烟叶比例（%）	杂色烟比例（%）	微带青烟比例（%）	均价（元/kg）
第 1 炉	32.90	85.00	32.90	8.90	52.10	13.91
第 2 炉	40.10	93.40	84.40	6.60	9.00	17.55
第 3 炉	83.90	98.70	98.70	1.30	0.00	19.83

上部叶第 1 炉、第 2 炉、第 3 炉的烘烤曲线分别见图 2 - 8、图 2 - 9、图 2 - 10。

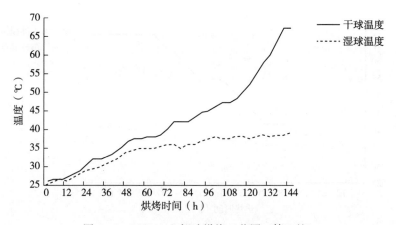

图 2 - 8　NC102 上部叶烘烤工艺图（第 1 炉）

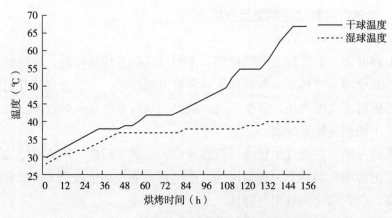

图 2 - 9　NC102 上部叶烘烤工艺图（第 2 炉）

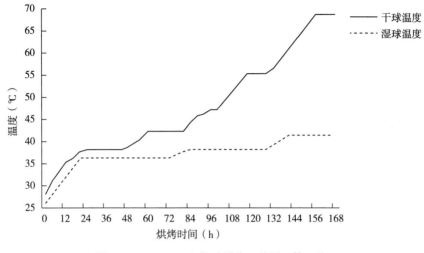

图 2-10　NC102 上部叶烘烤工艺图（第 3 炉）

（四）讨论与结论

通过对 NC297 品种中部叶和上部叶各进行 3 炉烘烤试验，总结出了一套适宜该品种烟叶的烘烤工艺曲线。经第 2 年烘烤验证试验证明，这套 NC297 品种烟叶的烘烤工艺是科学合理的。现将 NC297 品种烟叶的主要烘烤技术措施归纳如下：

1. 变黄期

装烟后关闭地洞，天窗打开 10％，烧火让气流上升，待气流上升至烤房顶部，关闭天窗。用 2～3h 使干球温度上升至 30℃，干湿球温度差保持 1～2℃，注意缩短干球温度 33℃以前烟叶的变黄时间。然后以每小时 1℃的速度使干球温度上升至 35～36℃，并稳温，干湿球温度差保持 1～2℃。待底台烟叶叶尖 1 成黄时，再以每小时 1℃的速度使干球温度上升至 38℃，并稳温，干湿球温度差保持 2～3℃，直至底台烟叶七至九成黄，叶片发软；此时应延长 36～39℃的变黄时间，让底台 95％以上的烟叶 42℃之前达到叶片全黄，小筋变白，主脉变黄。干球温度再以每小时 0.5℃的速度上升至 40～42℃，并稳温，干湿球温度差保持 4～5℃，直至底台烟叶全黄，主脉发软，叶尖卷曲（小卷筒），此时可逐渐打开天窗和地洞进行排湿，但要注意速度不能太快。

2. 定色期

干球温度以每小时 0.5℃ 的速度上升至 46～47℃，并稳温，湿球温度保持在 37～38℃，底台 80% 的烟叶在干球温度 46℃ 条件下干燥 1/2 左右，外观上达到小卷筒；然后干球温度以每小时 1℃ 的速度上升至 54～55℃，并稳温，湿球温度保持在 39～40℃。底台烟叶进入大卷筒，顶台烟叶达到小卷筒、全黄。

3. 干筋期

干球温度再以每小时 1℃ 的速度上升至 65～68℃，并稳温，湿球温度保持在 39～41℃，直至全炉烟叶干筋，最终干球温度不能超过 68℃，并尽量缩短 68℃ 高温干筋时间。

十六、NC297 品种烟叶打叶复烤及制丝等加工性能试验研究

（一）研究背景

烟叶复烤是烟叶质量进一步形成的关键环节，对卷烟使用原料质量的稳定和提升具有重要作用，复烤段可分为 3 个阶段：干燥段、回潮段、冷却段。干燥段的主要工艺任务是升温干燥，使进入复烤段的烟叶含水率从 16% 左右降至 10% 左右。国内的打叶复烤生产线主要采用热风干燥，通过热风与叶片接触，带走叶片中的水分，调节烟叶的含水率。烟叶在复烤段经过升温增湿等处理，其内部化学成分不断散发到复烤环境中，形成烟草逸出物并发生一系列的变化（张燕等，2003；胡有持等，2004）。国内外的打叶复烤研究认为：①随复烤温度的升高，复烤后中下部烟的大中片率呈降低的趋势，叶片失水收缩状况明显，烤后片烟的含水率波动减小，均匀性提高。②当复烤温度较低时，烟叶中主要致香成分的含量较高，较低的复烤温度有利于烟叶香气量的保持。③随复烤温度的升高，中下部烟叶的刺激性有所增加，而上部叶变化不明显。生产现场发现，较高的复烤温度下整个生产环境中弥漫的烟草香味（烟草逸出物成分）会比较浓郁；而较低的复烤温度下环境中的香味会显得比较淡薄（简辉等，2006；廖惠云等，2006；唐春平，2009）。由此也可以看出，复烤温度对烟叶质量的变化有着明显的影响。

为此，笔者围绕卷烟品牌对烟叶原料的质量和数量需求，开展了
NC297 复烤和制丝加工工艺参数优化技术验证，旨在建立适应 NC297 品
种发展的加工工艺和加料技术，最大限度满足品牌配方对原料的质量和数
量需求。

（二）材料与方法

美引烤烟品种 NC297 和对照 K326 烟叶。样品为昆明、红河、玉溪、
大理 4 个地区的混合样。复烤耐加工试验按照《打叶烟叶质量检验》
（YC/T 147—2010）行业标准进行。制丝耐加工试验按照《烟叶 打叶复
烤 工艺规范》（YC/T 146—2010）行业标准进行。

（三）结果与分析

1. NC297 品种烟叶打叶复烤验证试验

（1）NC297 品种与对照 K326 品种相比，打叶复烤后叶片差值较小，
该差值处于波动值范围之内。因此，可认为 NC297 品种与对照品种 K326
的叶片耐加工能力基本一致。

（2）NC297 品种与对照品种 K326 的叶片含梗率存在一定差异；
NC297 品种上、中部叶的长梗率及出梗率略低于 K326，而下部叶则高于
对照 K326。

（3）NC297 品种烟叶的出片率略低于对照品种 K326。

2. NC297 品种烟叶在线制丝加工性能

（1）NC297 品种烟叶与 K326 品种烟叶有较好的配伍性，适当的用量
对卷烟香气的丰富性、柔绵性和清甜韵方面有一定程度的提高，可以进入
云产卷烟中、高端品牌配方使用。

（2）NC297 品种工业验证样品与标准样品相比，实测焦油量均有所下降。

（3）NC297 品种与 K326 品种相比，上部叶制丝损耗略高于 K326，
中部叶的损耗与 K326 差异不明显，下部叶的制丝损耗小于 K326 品种。

（4）制丝后 NC297 品种烟叶的整丝率略低于 K326 品种。

（5）NC297 品种烟叶的填充性好于 K326。

（6）NC297 品种单料烟的烟气烟碱量和实测焦油量低于 K326 品种。

（7）NC297 品种和 K326 品种烟叶相同部位样品的危害性评价指数 H

差异不大。

十七、NC297 品种关键配套生产技术成果应用

（一）合理布局

云南省北纬 23°～26°、海拔 1 600～2 000m 的区域，是 NC297 品种的最适宜种植区域。NC297 品种适宜土壤类型为红壤和水稻土，适宜土壤质地为沙土、壤土和黏土。

（二）坚持轮作

（1）品种轮换种植顺序推荐为 NC297 - K326 -云烟 87。

（2）田块轮作推荐为田烟最好与水稻轮作；地烟最好与玉米轮作。

（3）前茬作物推荐为空闲或绿肥，其次考虑麦类、荞等其他作物。

（三）覆膜栽培

（1）地膜要求。透光率在 30％ 以上的黑色地膜，厚度 0.008～0.014mm，宽度 1～1.2m。

（2）开孔。移栽后注意在膜上两侧（非顶部）分别开一直径 3～5cm 小孔，以降低膜下温度，防止膜下温度过高灼伤烟苗。

（3）掏苗。观察膜下小苗生长情况，以苗尖生长接触膜之前为标准，把握掏苗关键时间，一般在移栽后 10～15d，掏苗时间选择在阴天、早上 9 点之前或下午 5 点之后。

（4）破膜培土。在移栽后 30～40d 进行（雨季来临时），2 000m 以下海拔烟区进行完全破膜、培土和施肥，2 000m 以上海拔可以采用不完全破膜、培土和施肥。

（5）查塘补缺。移栽后 3～5d 内及时查苗补缺，并用同一品种大小一致的烟苗补苗，确保苗全苗齐。膜下小苗在掏苗结束后及时采用备用苗进行补苗。

（四）适时早栽

（1）最适宜移栽时间。膜下小苗 4 月 15 日—4 月 25 日；膜上壮苗移

栽 4 月 15 日—5 月 5 日。膜下小苗在合理移栽期内（4 月 15 日—4 月 30 日），2 000m 及以下海拔段可以适当推迟膜下小苗移栽时间，2 100m 及以上海拔应该尽量提前移栽。

（2）不同区域膜下小苗最适宜移栽时间。红河 4 月 15 日—5 月 5 日、昆明 4 月 15 日—5 月 5 日、曲靖 4 月 10 日—4 月 30 日、保山 4 月 25 日—5 月 15 日。

（3）移栽要求及技术。

①苗龄控制在 30～35d，苗高 5～8cm，4 叶一心至 5 叶一心，烟苗清秀健壮，整齐度好。

②膜下小苗育苗盘标准：300～400 孔。

③膜下小苗移栽塘标准及移栽规格：塘直径 35～40cm，深度 15～20cm；株距 0.5～0.55m，行距 1.1～1.2m。

④移栽时浇水：每塘 3～4kg；第 1 次追肥时浇水：即在移栽后 7～15d（掏苗时）浇水 1kg 左右；第 2 次追肥时浇水：即移栽后 30～40d（破膜培土）浇水 1～2kg。

（五）合理施肥

施纯氮 105.0kg/hm²，施农家肥 7 500～9 000kg/hm²，N：P_2O_5：K_2O=1：1：3.0。

（六）加强病害综合防治

NC297 品种中感赤星病和气候性斑点病，要特别注意对赤星病的防治。

（1）农业措施。选无病虫壮苗移栽，及时提沟培土，减少田间积水，创造有利于烟株生长的田间小气候，增强烟株抗病性。保持田间卫生和通风透光，及时拔除病株、清除病叶和田间杂草，减少病害滋生。

（2）物理防治。可采用灯光诱杀蝼蛄成虫、地老虎等，或采用杨树枝条绑挂在竹竿上诱捕，也可采用人工捕杀的方法消灭一些害虫。

（3）药剂防治。赤星病多发生在烟株封顶后，发病前喷 1：160 倍的波尔多液预防，发病初期喷 40%菌核净 500 倍液，每隔 7d 喷 1 次，共喷 2 次。气候性斑点病可喷施 80%代森锰锌可湿性粉剂 800 倍液或 0.5%硫酸锰 1～2 次，对因缺锰产生的气候性斑点病防治效果较好。

（七）适时封顶、合理留叶

NC297 适宜留叶数 24，现蕾或初花打顶。

（八）成熟采收

NC297 品种在下部叶叶龄 60d、中部叶叶龄 74d，上部叶叶龄 95d 时采烤的烟叶上中等烟比例最高，杂色烟和微带青烟比例最低。

（九）烘烤工艺

1. 变黄期

装烟后关闭地洞，天窗打开 10%，烧火让气流上升，待气流上升至烤房顶部，关闭天窗。用 2～3h 使干球温度上升至 30℃，干湿球温度差保持 1～2℃，注意缩短干球温度 33℃ 以前烟叶的变黄时间。然后以每小时 1℃ 的速度使干球温度上升至 35～36℃，并稳温，干湿球温度差保持 1～2℃。待底台烟叶叶尖 1 成黄时，再以每小时 1℃ 的速度使干球温度上升至 38℃，并稳温，干湿球温度差保持 2～3℃，直至底台烟叶 7～9 成黄，叶片发软；此时应延长 36～39℃ 的变黄时间，让底台 95% 以上的烟叶 42℃ 之前达到叶片全黄，小筋变白，主脉变黄。干球温度再以每小时 0.5℃ 的速度上升至 40～42℃，并稳温，干湿球温度差保持 4～5℃，直到底台烟叶全黄，主脉发软，叶尖卷曲（小卷筒），此时可逐渐打开天窗和地洞进行排湿，但要注意速度不能太快。

2. 定色期

干球温度以每小时 0.5℃ 的速度上升至 46～47℃，并稳温，湿球温度保持在 37～38℃，底台 80% 的烟叶在干球温度 46℃ 条件下干燥 1/2 左右，外观上达到小卷筒；然后干球温度以每小时 1℃ 的速度上升至 54～55℃，并稳温，湿球温度保持在 39～40℃。底台烟叶进入大卷筒，顶台烟叶达到小卷筒、全黄。

3. 干筋期

干球温度再以每小时 1℃ 的速度上升至 65～68℃，并稳温，湿球温度保持在 39～41℃，直至全炉烟叶干筋，最终干球温度不能超过 68℃，并尽量缩短 68℃ 高温干筋时间。

第三章

NC71 烤烟品种

一、引育过程

NC71 品种是由美国金叶种子公司 1995 年培育成的含 *Ph* 基因的高产优质烤烟栽培种，2000 年在美国种植面积上升至 36%，取代了 K326 种植比例多年第一的地位，2005—2009 年占北卡罗来纳州烤烟种植面积的 19%～23%。NC71 品种产量高，香气质较好，香气量较足；抗黑胫病、抗南方根结线虫病，中抗青枯病，感烟草花叶病毒病；适应性较广，易烘烤。云南省烟草农业科学研究院、中国烟草育种研究（南方）中心于 2010 年从美国烟草集团旗下的布菲金种子公司引进 NC71 品种并进行小面积种植，红塔集团技术中心对其单体烟进行感官质量评价后认为，该品种烟叶香气特征以清甜为主，带焦甜、烤甜香，清香特征显著，香气透发流畅，香气饱满厚实，质感细腻柔绵，甜香及丰富性较好，刺激性较小，杂气较轻，口感较干净舒适，能够较好地丰富和彰显红塔集团卷烟清香风格特征，具有较高的质量水平和较好的工业可用性。

二、推广种植

NC71 品种（图 3-1）2011 年在云南省示范种植达 1 667hm²，2012 年全国示范种植约 5 667hm²；2012 年 12 月，NC71 品种通过全国烟草品种审定委员会审定。

图 3-1　NC71 品种大田生产

三、NC71 品种特征

（一）生物学及农业特征特性

1. 生物学特征特性

NC71 品种（图 3-2）移栽至现蕾 48～54d，移栽至中心花开 53～59d，大田生育期 121d 左右，全生育期 193d 左右。田间整齐度好，生长

图 3-2　NC71 品种生物学性状

势强，株式塔型；叶色淡绿，茎叶角度中等，腰叶长椭圆形，叶面较皱，叶耳中，叶尖渐尖，叶缘波浪状，主脉粗细中等，叶片厚薄适中；花序集中，花冠淡红色。自然株高 140～150cm，打顶株高 100～110cm，自然叶数 24～26，有效叶数 20～21，茎围 8.3cm，节距 4.3cm，腰叶长 68.5cm，腰叶宽为 25.9cm。

2. 抗病性

抗黑胫病、南方根结线虫病，中抗青枯病，感烟草花叶病毒病。

3. 经济性状

NC71 品种平均产量为 2 400～2 700kg/hm²，上等烟比例 47％左右，上中等烟比例 82％左右。

（二）栽培技术要点

在中等土壤肥力条件下，NC71 品种施氮量与 K326 相当，为 105.0kg/hm²，留叶数 20，现蕾后 5d 打顶。

（三）烘烤技术要点

开火后 6h 将干湿球温度分别升至 38℃、37～37.5℃，稳温稳湿烘烤至烟叶变黄八成，之后再以 2℃/h 的速度将干湿球温度分别升至 41～43℃、38.5℃，使烟叶变黄九成，随后以 2℃/h 的速度将干湿球温度分别升至 45～48℃、38℃，至烟叶黄片黄筋、叶片充分凋萎，接着以 1℃/h 的速度将干湿球温度分别升至 53～55℃、40～41℃，至烟叶达到大卷筒，随后烘烤进入干筋阶段。

四、NC71 品种烟叶品质及风格特征

（一）外观质量特征

原烟成熟，金黄、橘黄色，身份适中，油分较多，光泽强，结构疏松，叶长 57.5～69.0cm，单叶重 8.5～13.4g，主筋比 25.0％～30.0％。

（二）物理特征

上部叶单叶重 11.68g，平衡含水率 11.82％，含梗率 27.18％，填充

值 5.22cm³/g，阴燃时间 5.2s。

中部叶单叶重 9.88g，平衡含水率 12.45%，含梗率 29.34%，填充值 5.68cm³/g，阴燃时间 5.1s。

（三）化学品质特征

总糖 25.63%～30.98%，还原糖 18.92%～22.88%，总氮 1.48%～2.30%，烟碱 1.74%～3.06%，蛋白质 7.07%～10.63%，氯 0.02%～0.05%，钾 1.18%～1.62%，钙 2.07%～3.31%，镁 0.47%～0.88%，施木克值[①] 2.41～3.85，糖碱比 8.46～15.62，氮碱比 0.70～0.85。

（四）感官质量特征

香气特征以清甜为主，带焦甜、烤甜香，清香特征显著，香气透发流畅，香气饱满厚实，质感细腻柔绵，甜香及丰富性较好，刺激性较小，杂气较轻，口感较干净舒适，能够较好地丰富和彰显卷烟清香风格特征，具有较高的质量水平和较好的工业可用性。

（五）致香物质特征

由表 3-1 可看出，不同烤烟品种中性致香物质总量由高到低为 KRK28＞NC72＞NC71＞KRK26＞NC102＞NC297＞CC402＞NC89＞中烟 100，NC71 品种烟叶中性致香物质总量较高（顾少龙等，2011）。

由表 3-2 可看出，在中性致香物质成分中，类胡萝卜素降解产物较丰富，其中巨豆三烯酮是叶黄素的降解产物，对烟叶的香味有重要贡献，也是国外优质烟叶的显著特征（周冀衡等，2004；史宏志等，2009）。不同烤烟品种巨豆三烯酮总量由高到低为 KRK28＞NC297＞NC72＞NC89＞NC71＞KRK26＞NC102＞CC402＞中烟 100，NC 71 品种烟叶巨豆三烯酮总量中等，说明 NC71 品种烟叶香味一般。

叶绿素降解产物新植二烯是含量最高的成分，不同烤烟品种叶片中性致香物质总量的差异主要是新植二烯含量不同造成的。不同烤烟品种新植二烯含量由高到低为 KRK28＞NC72＞NC71＞KRK26＞NC102＞

---

① 施木克值，烟叶中水溶性糖类含量与蛋白质含量的比值。——编者注

CC402＞NC297＞NC89＞中烟100，NC71品种烟叶新植二烯含量相对较高。但新植二烯香气阈值较高，本身只具有微弱香气，在调制和陈化过程中可进一步降解转化为其他低分子成分（史宏志，1998）。

表3-1　不同烤烟品种C3F等级中性致香物质含量（μg/g）

中性致香物质		NC297	NC102	KRK26	KRK28	NC71	NC72	CC402	NC89	中烟100
类胡萝卜素类	β-大马酮	20.60	22.19	25.17	25.62	20.99	21.12	21.91	21.50	19.81
	香叶基丙酮	11.15	9.84	8.04	11.82	6.39	12.80	1.16	10.70	4.80
	二氢猕猴桃内酯	1.81	1.65	1.90	1.76	1.45	1.32	1.46	1.62	1.38
	脱氢β-紫罗兰酮	0.22	0.24	0.15	0.16	0.13	0.13	0.16	0.22	0.19
	巨豆三烯酮1	0.29	0.28	0.21	0.29	0.22	0.22	0.25	0.34	0.12
	巨豆三烯酮2	0.30	0.25	0.35	0.42	0.28	0.43	0.31	0.27	0.25
	巨豆三烯酮3	0.97	0.91	0.77	0.99	0.92	1.05	0.59	1.04	0.27
	3-羟基-β-二氢大马酮	1.25	0.90	1.05	1.32	1.16	1.09	0.97	1.04	0.40
	巨豆三烯酮4	1.48	0.73	1.30	2.35	1.28	1.31	0.84	1.13	0.45
	螺岩兰草酮	8.05	5.45	5.45	9.95	9.61	8.76	4.59	7.26	1.95
	法尼基丙酮	8.57	7.75	9.36	15.86	10.42	10.17	6.83	8.73	3.57
	6-甲基-5-庚烯-2-酮	2.75	2.09	1.71	3.52	2.71	2.28	0.95	2.00	0.41
	6-甲基-5-庚烯-2-醇	0.55	0.47	0.55	0.77	0.48	0.48	0.32	0.45	0.31
	芳樟醇	1.60	1.53	1.87	4.35	1.56	1.74	1.32	1.80	1.59
	氧化异佛尔酮	0.19	0.18	0.07	0.19	0.15	0.25	0.26	0.24	0.16
棕色化产物类	糠醛	18.60	17.86	13.87	21.86	16.15	19.61	15.62	18.68	9.45
	糠醇	1.85	1.09	1.68	6.65	2.15	2.01	1.13	3.23	0.36

（续）

中性致香物质		NC297	NC102	KRK26	KRK28	NC71	NC72	CC402	NC89	中烟 100
棕色化产物类	2-乙酰基呋喃	0.60	0.54	0.46	0.38	0.56	0.53	0.47	0.62	0.31
	5-甲基-2-糠醛	0.74	0.76	0.63	1.22	0.44	0.55	0.39	0.44	0.33
	3，4-二甲基-2，5-呋喃二酮	4.60	5.45	3.62	6.47	4.32	3.45	2.01	3.23	1.69
	2-乙酰基吡咯	0.36	0.23	0.26	0.57	0.49	0.40	0.25	0.27	0.13
苯丙氨酸裂解产物类	苯甲醛	1.60	1.79	0.99	1.68	1.69	1.42	1.29	1.29	0.64
	苯甲醇	8.21	5.45	4.78	23.64	8.75	13.14	5.43	6.41	1.38
	苯乙醛	0.63	0.37	0.39	0.92	0.76	0.79	0.46	0.55	0.11
	苯乙醇	2.02	1.57	2.07	13.33	2.23	3.33	1.28	1.66	0.31
类西柏烷类	4-乙烯-2-甲氧基苯酚	0.11	0.12	0.12	0.15	0.17	0.14	0.30	0.16	0.27
	茄酮	151.36	124.31	108.78	133.90	127.83	125.99	79.69	108.79	59.04
新植二烯	新植二烯	713.23	756.80	825.02	1 280.00	874.47	893.14	752.38	658.96	465.62
	总量	963.70	970.80	1 020.62	1 570.14	1 097.76	1 127.65	902.62	862.65	575.31

表 3 - 2　不同烤烟品种 C3F 等级中性致香物质分类分析（µg/g）

品种	类胡萝卜素类	巨豆三烯酮	棕色化产物类	苯丙氨酸裂解产物类	类西柏烷类	新植二烯
NC297	59.78	3.04	26.75	12.46	151.47	713.23
NC102	54.47	2.17	25.92	9.17	124.43	756.80
KRK26	57.93	2.63	20.52	8.24	108.90	825.02
KRK28	79.36	4.05	37.16	39.56	134.05	1 280.00
NC71	57.75	2.70	24.11	13.43	128.00	874.47
NC72	63.15	3.01	26.54	18.67	126.13	893.14
CC402	41.91	1.99	19.85	8.46	79.99	752.38
NC89	58.35	2.78	26.47	9.92	108.95	658.96
中烟 100	35.66	1.09	12.27	2.44	59.31	465.62

五、NC71 品种适宜种植的生态环境及区域分布

（一）NC71 品种的生态适应性种植研究

为了更加准确地掌握 NC71 品种在不同纬度、不同海拔下的生态适应性，项目组在普查的基础上，又在纬度与海拔交汇的二维空间内设置试验点，开展了烤烟主栽品种生态适应性种植研究。

1. 试验设计

为清楚了解烤烟 NC71 品种的生态适应性，项目组在云南中烟原料基地内，分别设置了北纬 23°、24°、25°、26°、27° 5 个纬度点，在每个纬度点分别设置低（1 600m）、中（1 800m）、高（2 000m）3 个海拔段，共设 15 个纬度与海拔交汇的试验点（表 3-3），在每个试验点内同时分别安排两组 NC71 品种的区域适应性种植试验，每个试验种植 0.067hm²。根据烤烟 NC71 品种的产量、产值及感官质量评价，筛选出它们的适宜种植区域（表 3-3）。

表 3-3　NC71 品种在 5 个纬度带、3 个海拔段的生态适应性试验安排

纬度	试验点				
	市（州）	县（区）	海拔 1 600m	海拔 1 800m	海拔 2 000m
23°	文山	马关	八寨乡马主村	八寨乡芦柴塘村	八寨乡小岩村
24°	红河	弥勒	西二乡矣维村	西二乡矣维村	西二乡矣维村
25°	昆明	宜良	北古城镇车田村	九乡甸尾村	九乡月照村
26°	曲靖	沾益	德泽乡左水冲村	德泽乡富冲村	德泽乡棠梨树村
27°	曲靖	会泽	迤车镇中河村	迤车镇五谷村	迤车镇五谷村

2. 结果分析

（1）不同纬度、不同海拔下 NC71 品种烟叶的产量和产值。由表 3-4 可以看出，NC71 品种的最适宜种植区域：北纬 23°~26°、海拔 1 600~2 000m 区域。

表 3-4　不同纬度海拔下 NC71 品种的烟叶产量和产值

纬度	产量（kg/hm²）			产值（元/hm²）		
	低海拔（1 600m）	中海拔（1 800m）	高海拔（2 000m）	低海拔（1 600m）	中海拔（1 800m）	高海拔（2 000m）
23°	2 280	2 250	2 265	63 840	63 000	63 420

(续)

纬度	产量（kg/hm²）			产值（元/hm²）		
	低海拔 （1 600m）	中海拔 （1 800m）	高海拔 （2 000m）	低海拔 （1 600m）	中海拔 （1 800m）	高海拔 （2 000m）
24°	2 175	2 145	2 100	60 900	60 060	58 800
25°	2 355	2 280	2 340	65 940	63 840	65 520
26°	2 220	2 190	2 145	62 160	61 320	60 060
27°	1 950	2 010	1 980	54 600	56 280	55 440

（2）不同纬度、不同海拔主栽品种烟叶的感官质量评价和工业可用性。项目组在北纬23°、24°、25°、26°、27° 5个纬度点上低（1 600m）、中（1 800m）、高（2 000m）3个海拔段内，对NC71品种烟叶的感官质量评价和工业可用性进行研究，结果如下：

①不同纬度和海拔区域烟叶的感官质量评价。由表3-5可见，从NC71品种的感官质量评价总分看：NC71品种最适宜种植在北纬23°～26°、海拔1 600～2 000m区域，该区域烟样的感官质量评价总分为78.26，高于北纬27°、海拔1 600～2 000m区域（75.37）。

表3-5　不同纬度、不同海拔下各NC71品种烟叶的感官质量评价总分

纬度	海拔（m）	感官质量评价总分
23°	1 600	79.63
	1 800	79.75
	2 000	81.63
24°	1 600	78.38
	1 800	78.67
	2 000	79.25
25°	1 600	75.75
	1 800	76.25
	2 000	77.13
26°	1 600	76.75
	1 800	77.13
	2 000	78.83
27°	1 600	74.88
	1 800	75.23
	2 000	76.00

②不同纬度和不同海拔区域烟叶的工业可用性。由表 3 - 6 可见，从不同纬度、不同海拔下 NC71 品种烟叶样品的工业可用性来看：NC71 品种的高端、一类、二类及三类烟样主要分布在北纬 23°～26°、海拔 1 600～2 000m 区域，占烟样总数（41 个）的 87.80%。

表 3 - 6　不同纬度、不同海拔下各个品种烟叶样品的工业可用性

纬度	海拔（m）	高端、一类、二类及三类烟样数量
23°	2 000	4
	1 800	4
	1 600	4
24°	2 000	3
	1 800	4
	1 600	3
25°	2 000	2
	1 800	2
	1 600	3
26°	2 000	2
	1 800	3
	1 600	2
27°	2 000	3
	1 800	0
	1 600	2

结论：在同田种植情况下，NC71 品种烟叶的感官品质及工业可用性，与其产量、产值表现一致，均表明北纬 23°～26°、海拔 1 600～2 000m 的区域是 NC71 品种最适宜种植区域。

（二）NC71 品种的区域布局研究

将云南中烟原料基地北纬 22.5°～27.5°、海拔 600～2 500m 范围内 NC71 品种的生态适应性调查结果，与 5 个纬度带、3 个海拔段 15 个试验点内 NC71 品种同田种植的生态适应性试验结果，进行综合分析，得出 NC71 品种的最适宜种植区域。

在云南中烟原料基地内，NC71 品种的最适宜种植在北纬 23°～26°、

海拔 1 600～2 000m 的区域，该区域的可植烟面积分布见表 3－7。

表 3－7　NC71 在纬度和海拔二维空间内的最适宜种植区面积（hm²）

纬度	海拔	
	1 600～1 800m	1 800～2 000m
23°～23.5°	10 824.40	2 767.13
23.5°～24°	11 044.73	3 958.27
24°～24.5°	20 617.40	16 492.33
24.5°～25°	15 568.27	37 842.60
25°～25.5°	28 672.60	50 177.93
25.5°～26°	7 167.20	26 830.07

由表 3－7 可知，在云南中烟原料基地内，NC71 品种的最适宜种植区的总面积为 23.2 万 hm²，占云南中烟原料基地可植烟面积（48.2 万 hm²）的 48.13%。NC71 品种的最适宜种植区分布见表 3－8。

表 3－8　NC71 品种在纬度和海拔二维空间的最适宜种植区分布

纬度	海拔	
	1 600～1 800m	1 800～2 000m
23°～23.5°	个旧：保和、卡房 建水：官厅、坡头 蒙自：冷泉、水田、芷村 石屏：牛街 沧源：糯良、岩帅 双江：邦丙、大文 景谷：半坡 墨江：龙潭 麻栗坡：董干 马关：八寨 文山：平坝、小街、新街 元江：那诺	沧源：单甲、岩帅 双江：忙糯 澜沧：文东 墨江：景星 文山：坝心 元江：羊街
23.5°～24°	建水：李浩寨、利民 石屏：龙朋 耿马：芒洪 临翔：博尚、圈内、章驮 墨江：团田 镇沅：和平 广南：五珠 新平：平掌 元江：咪哩、因远	建水：普雄 开远：碑格 石屏：大桥、哨冲 耿马：大兴 永德：崇岗 镇康：忙丙、木场 墨江：新抚 新平：建兴 元江：龙潭

（续）

纬度	海拔	
	1 600～1 800m	1 800～2 000m
24°～24.5°	昌宁：更戛 双柏：爱尼山 弥勒：五山 凤庆：郭大寨 永德：班卡 云县：茶房、大朝山西、栗树 丘北：双龙营 峨山：大龙潭、甸中 红塔：北城、春和、大营街、玉带 华宁：宁州、华溪、青龙、通红甸 江川：大街、九溪、路居、前卫 通海：四街	施甸：酒房 芒市：五岔路 弥勒：东山、西二 晋宁：夕阳 永德：乌木龙 云县：涌宝 景东：大朝山东、曼等 镇沅：九甲 丘北：新店 峨山：富良棚、塔甸 江川：安化、江城、雄关 通海：河西、九龙、里山、纳古、兴蒙、杨广 新平：新化
24.5°～25°	隆阳：西邑 施甸：何元、木老元、水长 腾冲：清水 楚雄：东华 双柏：独田 南涧：无量山 梁河：平山 泸西：午街铺、中枢 石林：板桥、大可、鹿阜、石林 凤庆：大寺 师宗：龙庆 易门：六街	龙陵：腊勐、龙新、镇安 施甸：摆榔、太平、姚关 楚雄：八角、大地基、大过口、新村、子午 禄丰：土官 南华：马街 弥渡：牛街 南涧：宝华 梁河：小厂 陇川：护国 芒市：江东 泸西：白水、金马、旧城 安宁：八街、草铺、禄脿、县街 晋宁：二街、晋城、六街、双河 石林：圭山、西街口、长湖 凤庆：鲁史 陆良：芳华、马街 师宗：彩云、大同、丹凤、葵山、竹基 澄江：九村、龙街、右所 易门：小街
25°～25.5°	昌宁：大田坝 隆阳：板桥、汉庄、金鸡、辛街 腾冲：北海、滇滩、猴桥、界头、腾越 楚雄：东瓜、鹿城、三街 禄丰：和平、妥安、中村	隆阳：水寨、瓦渡 腾冲：马站 楚雄：苍岭、吕合、树苴 禄丰：碧城、广通、勤丰、仁兴、一平浪 牟定：安乐、蟠猫

（续）

纬度	海拔	
	1 600~1 800m	1 800~2 000m
25°~25.5°	南华：红土坡、罗武庄、一街 姚安：大河口 弥渡：德苴、红岩、弥城、新街 巍山：大仓、庙街、南诏、巍宝山、五印、永建 祥云：鹿鸣 漾濞：瓦厂 永平：博南、厂街 富民：赤鹫、款庄、罗免、散旦、永定 禄劝：崇德 宜良：马街、汤池 富源：十八连山、竹园	南华：龙川、沙桥、雨露 姚安：官屯、弥兴、太平 巍山：马鞍山、紫金 祥云：沙龙、云南驿 永平：龙街 嵩明：牛栏江、嵩阳、小街、杨林、杨桥 寻甸：羊街 宜良：九乡 富源：老厂、营上 陆良：板桥、大莫古、活水、小百户、中枢 罗平：阿岗、富乐、老厂、马街 马龙：大庄、旧县、马过河、纳章 麒麟：茨营、东山、三宝、潇湘、越州
25.5°~26°	隆阳：瓦马 大姚：龙街、赵家店 武定：狮山、田心 永仁：宜就 宾川：大营、平川、乔甸 漾濞：漾江 永平：龙门 富民：东村 禄劝：翠华、屏山、团街 寻甸：金所、金源 富源：大河	腾冲：明光 大姚：金碧、六苴、新街 牟定：戌街 武定：插甸、万德 姚安：栋川、光禄、适中 元谋：羊街 宾川：鸡足山、拉乌 大理：海东、上关、双廊、挖色、喜洲 洱源：邓川 祥云：东山、禾甸、刘厂、米甸 漾濞：苍山西、太平 永平：北斗 云龙：团结 寻甸：功山、河口、柯渡、七星、仁德 富源：中安 会泽：田坝 马龙：王家庄 麒麟：西城、珠街 宣威：羊场 沾益：菱角、盘江、西平

综上所述，建议云南中烟工业有限责任公司根据卷烟配方需求，在上述适宜区域内进行 NC71 品种的规划种植，以实现 NC71 品种的优化布局。

六、NC71品种关键配套生产技术成果应用

(一) 合理布局

云南省北纬23°~26°、海拔1 600~2 000m的区域，是NC71品种的最适宜种植区域。

(二) 坚持轮作

(1) 品种轮换种植顺序推荐为NC71-K326-云烟87。

(2) 田块轮作推荐为田烟最好与水稻轮作；地烟最好与玉米轮作。

(3) 前茬作物推荐为空闲或绿肥，其次考虑麦类、荞等其他作物。

(三) 覆膜栽培

(1) 地膜要求。透光率在30%以上的黑色地膜，厚度0.008~0.014mm，宽度1~1.2m。

(2) 开孔。移栽后注意在膜上两侧（非顶部）分别开一直径3~5cm小孔，以降低膜下温度，防止膜下温度过高灼伤烟苗。

(3) 掏苗。观察膜下小苗生长情况，以苗尖生长接触膜之前为标准，把握掏苗关键时间，一般在移栽后10~15d，掏苗时间选择在阴天、早上9时之前或下午5时之后。

(4) 破膜培土。在移栽后30~40d进行（雨季来临时），2 000m以下海拔烟区进行完全破膜、培土和施肥，2 000m以上海拔可以采用不完全破膜、培土和施肥。

(5) 查塘补缺。移栽后3~5d内及时查苗补缺，并用同一品种大小一致的烟苗补苗，确保苗全苗齐。膜下小苗在掏苗结束后及时采用备用苗进行补苗。

(四) 适时早栽

(1) 最适宜移栽时间。膜下小苗4月15日—4月25日；膜上壮苗移栽4月15日—5月5日。膜下小苗在合理移栽期内（4月15日—4月30日），2 000m及以下海拔段可以适当推迟膜下小苗移栽时间，2 100m

及以上海拔应该尽量提前移栽。

（2）不同区域膜下小苗最适宜移栽时间。红河 4 月 15 日—5 月 5 日、昆明 4 月 15 日—5 月 5 日、曲靖 4 月 10 日—4 月 30 日、保山 4 月 25 日—5 月 15 日。

（3）移栽要求及技术。

①苗龄控制在 30～35d，苗高 5～8cm，4 叶一心至 5 叶一心，烟苗清秀健壮，整齐度好。

②膜下小苗育苗盘标准：300～400 孔。

③膜下小苗移栽塘标准及移栽规格：塘直径 35～40cm，深度 15～20cm；株距 0.5～0.55m，行距 1.1～1.2m。

④移栽浇水。移栽时浇水：每塘 3～4kg；第 1 次追肥时浇水：即在移栽后 7～15d（掏苗时）浇水 1kg 左右；第 2 次追肥时浇水：即移栽后 30～40d（破膜培土）浇水 1～2kg。

（五）合理施肥

在中等土壤肥力条件下，NC71 品种适宜施氮量为 105.0kg/hm^2，施农家肥 7 500～9 000kg/hm^2，N：P$_2$O$_5$：K$_2$O＝1：1：3。

（六）加强病害综合防治

NC71 品种易感烟草花叶病毒病，要特别注意对烟草花叶病毒病的防治。

（1）加强肥水管理，促进烟株早生快发。施足底肥，及时喷施微量元素肥，增施硫酸锌。

（2）田间操作注意卫生。掏苗前应用肥皂仔细清洁双手，田间操作应先健株后病株，以免病毒交叉感染。在掏苗或其他农事操作过程中发现病毒病应及时拔除病株，并带出田间销毁，更换健壮无病烟苗。

（3）移栽后 15d 以内，喷施 1 次免疫诱抗剂，可选用 6％寡糖·链蛋白 1 000 倍液、3％超敏蛋白微粒剂 3 000～5 000 倍液、0.5％香菇多糖水剂 300～500 倍液、2％氨基寡糖素水剂 1 000～1 200 倍液等。对发病田块也可选用 24％混酯·硫酸铜（毒消）1：（600～800）倍、8％宁南霉素 1：1 600 倍等病毒抑制剂喷雾防治。

（七）适时封顶、合理留叶

NC71 品种适宜留叶 20 片/株，现蕾后 5d 打顶。

（八）烘烤工艺

开火后 6h 将干湿球温度分别升至 38℃、37～37.5℃，稳温稳湿烘烤至烟叶变黄 8 成，之后再以 2℃/h 的速度将干湿球温度分别升至 41～43℃、38.5℃，使烟叶变黄九成，随后以 2℃/h 的速度将干湿球温度分别升至 45～48℃、38℃，至烟叶黄片黄筋、叶片充分凋萎，接着以 1℃/h 的速度将干湿球温度分别升至 53～55℃、40～41℃，至烟叶达到大卷筒，随后烘烤进入干筋阶段。

第四章 NC196 烤烟品种

一、引育过程

NC196 品种是美国培育的雄性不育烤烟杂交种，2013—2015 年，其种植面积占美国北卡罗来纳州烤烟总面积的 50％左右，已经成为美国第一大烤烟种植品种。2009 年，云南省烟草农业科学研究院、红云红河烟草集团、玉溪中烟种子公司从美国金叶种子公司引进烤烟新品种 NC196。2012—2013 年参加烟草引进品种全国对比试验，2014 年参加全国生产试验，并在云南省部分烟区进行小面积生产示范，同年通过全国烟草品种审定委员会农业评审。

二、NC196 品种特征

（一）生物学及农业特征特性

1. 生物学特征特性

NC196（图 4－1）株型为塔形，叶片长椭圆形，叶色绿，茎叶角度中等，主脉粗细中等，田间生长势较强，烟株生长整齐，分层落黄特性明显，大田生育期 114.6～123.1d。

2. 抗病性

NC196 品种抗黑胫病，中抗烟草花叶病毒病（TMV）和青枯病，中感赤星病，中感根结线虫病，感马铃薯 Y 病毒（PVY）（曾建敏等，2016）。

图 4-1　NC196 品种生物学性状

3. 农艺性状

NC196 品种各项农艺性状与 K326 相当。

4. 经济性状

多年多点试验结果表明，NC196 综合经济性状与对照品种 K326 相当（曾建敏等，2016）。

（二）栽培调制技术要点

NC196 品种适宜移栽株行距为 50cm×120cm，种植密度为 16 500 株/hm^2；需氮肥中等，与 K326 品种相当；移栽后及时浇施提苗肥，移栽后 30d 内施完追肥为宜。中心花开放打顶，有效留叶数 21~23，打顶时摘除 2 片无效底脚叶，以改善田间通风透光条件，提高下部烟叶成熟度。在中等土壤肥力条件下施纯氮量 105.0~120.0kg/hm^2，N：P_2O_5：K_2O＝1：1：（2.5~3）。施肥技术具体为，烤烟专用复合肥 30% 作为基肥环状穴施，30% 在移栽后 7~10d 兑水浇施，40% 在团棵期结合提沟培土施用，硫酸钾在团棵期结合提沟培土兑水浇施。

NC196 品种田间烟株分层落黄特征明显，封顶后 10d 左右进入采收期。各部位烟叶采收原则：下部叶适熟采收（2~3 片/株），中部叶适熟稳采（2 片/株左右），上部叶（4~5 片/株）充分成熟后一次性采收

（图 4-2）。

图 4-2　NC196 品种大田生产

NC196 品种综合经济性状与对照品种 K326 相当，整体外观质量优于对照品种 K326，主要化学成分含量与对照品种 K326 相近，协调性好。原烟烟叶质量档次中等偏上，整体吸食品质与对照品种 K326 相当。

（三）烘烤技术要点及特性

NC196 在烘烤过程中变黄、失水速度协调，可以参照 K326 烘烤工艺和技术进行烘烤。NC196 品种烟叶变黄期在干球温度 38℃ 和 40～42℃ 时要适当延长稳温时间；定色期在干球温度 53～55℃ 稳温，湿球温度 38～39℃；干筋期在干球温度 65～68℃ 稳温，湿球温度 39～41℃，直至全炉烟叶干筋。

三、NC196 品种烟叶品质及风格特征

（一）外观质量特征

从表 4-1 可以看出，NC196 品种叶片结构得分高于对照 K326，颜色、身份、油分得分略高于对照，其余指标与对照相当，外观评价总分高于对照 K326。NC196 品种原烟橘黄色，油分稍有至有，色度中至强，叶片结构尚疏松至疏松，身份中等（曾建敏等，2016）。

表 4-1 NC196 烟叶外观质量评价

品种	颜色 (8)	成熟度 (15)	叶片结构 (15)	身份 (15)	油分 (20)	色度 (20)	长度 (5)	残伤 (2)	总分 (100)
NC196	7.0	14.0	13.0	13.0	15.0	15.0	4.0	1.8	82.8
K326	6.8	14.0	12.0	12.7	14.8	14.9	4.0	1.8	81.0

（二）化学品质特征

NC196 品种整体化学成分协调，化学成分含量与 K326 差异不大。（曾建敏等，2016）。

（三）感官质量特征

NC196 品种香气量足，浓度较浓，接近云烟 87 品种；香气丰富性、透发性、细腻度方面与 K326 品种相当，甜韵感略低于 K326 品种，整体劲头稍大，有杂气刺激。

四、施氮量、株距、留叶数、打顶时期对 NC196 品种烟叶产质量的影响研究

（一）研究背景

烟草的种植密度、施氮量及打顶留叶是烟叶生产过程中最基础的栽培技术，同时也是影响烟叶产质量的关键因素。研究表明，种植密度、施氮量及留叶数与烟叶的产量呈正相关，在一定范围内增加种植密度、施氮量及留叶数均可增加烟叶的产值（杨军章等，2012；周亚哲等，2016；吴帼英等，1983）；但种植密度、施氮量偏大或偏小，都不利于烟叶品质的形成，进而降低经济效益及工业可用性（沈杰等，2016；杨隆飞等，2011）。研究发现，适当增加留叶数，有利于减少烟叶中烟碱的含量，增加中性致香物质的含量，对于提高上部叶的质量有重要的作用（高贵等，2005；邱标仁等，2000；史宏志等，2011）。只有适宜的种植密度、施氮量及留叶数才可使烟叶获得较高的经济效益，较好的内在质量，所以这 3 者一直是烟草科学研究的重点。

由此，笔者通过种植密度、施氮量及留叶数对 NC196 品种农艺性状、

外观质量、内在化学成分及经济性状等方面的影响，探究出 NC196 品种在本地适宜的种植密度、施氮量及留叶数，为 NC196 品种在本地的种植及推广提供理论基础。

（二）材料与方法

1. 试验地点
试验安排在昆明市石林县板桥乡落甸村委会。海拔 1 667m。

2. 供试土壤养分状况
pH 6.5，有机质 32.8g/kg，有效氮 145.4mg/kg，有效磷 31.2mg/kg，速效钾 192.6mg/kg。

3. 试验设计和处理
试验采用 L_{27}（3^{13}）正交试验设计，考虑施氮量、株距、留叶数、打顶时期 4 个因素，每个因素设 3 个水平，共计 27 个小区，采用完全随机设计，每个小区 60 株。施肥量（只设氮肥用量梯度，磷、钾肥数量相同），复合肥配方 N：P_2O_5：K_2O＝12：10：24；氮磷钾比例 N：P_2O_5：K_2O＝1：1：2.5。试验因素与水平表见表 4-2。

表 4-2　试验因素与水平表

因素水平	施氮量（kg/hm²）	株距（m）	留叶数（片）	打顶时期
1	82.5	0.50	18	扣心打顶
2	105.0	0.55	20	现蕾打顶
3	127.5	0.60	22	初花打顶

4. 种植规格、施肥与田间管理
移栽后浇定根水。移栽后 15d 和 22d 结合追肥灌水。叶面喷施 80% 代森锌可湿性粉剂防治炭疽病，叶面喷施 40% 菌核净可湿性粉剂 500 倍液防治赤星病，叶面喷施 1 000 倍 36% 甲基硫菌灵悬浮剂 1 000 倍液防治白粉病，叶面喷施 5% 吡虫啉乳油 1 200 倍液防治烟蚜，叶面喷施 1 500 倍 40% 灭多威可溶性粉剂 1 500 倍液防治烟青虫。手工打顶除杈。

5. 田间调查与样品采集、分析
（1）调查内容。主要经济性状（产量、产值、上等烟比例）。

（2）采烤与测产。严格成熟采摘、科学烘烤。烘烤前严格分小区进行挂牌进炉，烤后要严格区分和堆放。每烤1炉，回潮后立即分小区测产，并预留好要取样的烟叶用标签标记，妥善保管。

（3）烟叶取样及品质评价。每个小区取 C3F 等级样品 1kg。分析烟叶总糖、还原糖、烟碱、总氮、钾、氯。

6. 数据统计与分析

采用 DPS 统计软件对数据进行多重比较和方差显著性分析。

（三）结果与分析

1. 经济性状

（1）产量。通过表4-3可看出，各个因子及因子互作的 p 值均未达到显著水平，说明各个因子和因子互作对产量影响不显著。

表 4-3　正交设计方差分析表

变异来源	平方和	自由度	均方	F 值	p 值
施氮量	350 608.229 7	2	175 304.114 9	1.444 8	0.307 5
株距	273 660.820 7	2	136 830.410 4	1.127 7	0.383 9
施氮量×株距	528 282.954 5	2	264 141.477 2	2.176 9	0.194 6
留叶数	192 490.405 1	2	96 245.202 6	0.793 2	0.494 7
施氮量×留叶数	263 024.778 1	2	131 512.389 1	1.083 8	0.396 4
株距×留叶数	170 664.782 3	2	85 332.391 2	0.703 3	0.531 6
打顶时期	17 375.435 8	2	8 687.717 9	0.071 6	0.931 7
施氮量×打顶时期	622 819.746 9	2	311 409.873 4	2.566 5	0.156 5
株距×打顶时期	82 700.174 2	2	41 350.087 1	0.340 8	0.724 1
留叶数×打顶时期	15 741.740 0	2	7 870.870 0	0.064 9	0.937 8
误差	728 030.546 9	6	121 338.424 5		
总和	3 245 399.614 2				

通过表4-4可看出，施氮量×打顶时期互作的极差｜R｜居第一位，是影响产量的主要因子，其次是施氮量×株距互作，其他因子对产量的影响较小。

通过表4-5可看出，NC196 品种产量最高的栽培措施：施纯氮量 105.0kg/hm²，株距 0.55m，留叶数 20，现蕾打顶。

表 4-4 极差比较表

因子	极小值	极大值	极差 $|R|$	调整 $|R'|$
施氮量	3 109.421 5	3 361.666 3	252.244 7	393.501 8
株距	3 064.779 1	3 304.919 9	240.140 8	374.619 6
施氮量×株距	3 003.869 4	3 313.468 8	309.599 4	482.975 1
留叶数	3 085.507 9	3 284.942 0	199.434 0	311.117 1
施氮量×留叶数	3 109.371 5	3 338.034 9	228.663 4	356.715 0
株距×留叶数	3 105.243 3	3 299.915 1	194.671 8	303.688 0
打顶时期	3 165.184 6	3 219.992 6	54.808 0	85.500 5
施氮量×打顶时期	3 049.749 9	3 408.725 6	358.975 8	560.002 2
株距×打顶时期	3 153.196 5	3 278.606 7	125.410 2	195.639 9
留叶数×打顶时期	3 169.271 1	3 227.768 0	58.496 8	91.255 1

表 4-5 均值比较表

因子	均值		
	水平 1	水平 2	水平 3
施氮量	3 109.421 5	3 361.666 3	3 132.034 7
株距	3 064.779 1	3 304.919 9	3 233.423 5
施氮量×株距	3 313.468 8	3 003.869 4	3 285.784 4
留叶数	3 085.507 9	3 284.942 0	3 232.672 6
施氮量×留叶数	3 155.716 1	3 109.371 5	3 338.034 9
株距×留叶数	3 299.915 1	3 197.964 2	3 105.243 3
打顶时期	3 165.184 6	3 219.992 6	3 217.945 4
施氮量×打顶时期	3 144.647 0	3 408.725 6	3 049.749 9
株距×打顶时期	3 153.196 5	3 278.606 7	3 171.319 4
留叶数×打顶时期	3 169.271 1	3 206.083 5	3 227.768 0

（2）产值。通过表 4-6 可看出，施氮量×打顶时期的 p 值达极显著水平，施氮量、留叶数、施氮量×留叶数互作的 p 值达显著水平，其他变异来源未达到显著水平。

表 4 - 6　正交设计方差分析表

变异来源	平方和	自由度	均方	F 值	p 值
施氮量	1 221 204 346.672 3	2	610 602 173.336 2	7.360 5*	0.024 3
株距	262 715 544.675 5	2	131 357 772.337 7	1.583 4	0.280 4
施氮量×株距	61 160 115.632 1	2	30 580 057.816 1	0.368 6	0.706 3
留叶数	1 151 102 411.625 4	2	575 551 205.812 7	6.938 0*	0.027 5
施氮量×留叶数	1 136 157 741.786 5	2	568 078 870.893 3	6.847 9*	0.028 3
株距×留叶数	12 333 856.907 7	2	6 166 928.453 9	0.074 3	0.929 2
打顶时期	95 335 061.293 1	2	47 667 530.646 5	0.574 6	0.591 1
施氮量×打顶时期	2 021 728 605.074 9	2	1 010 864 302.537 4	12.185 4*	0.007 7
株距×打顶时期	373 354 129.926 5	2	186 677 064.963 3	2.250 3	0.186 6
留叶数×打顶时期	565 295 078.221 6	2	282 647 539.110 8	3.407 2	0.102 7
误差	497 740 835.305 9	6	82 956 805.884 3		
总和	7 398 127 727.121 5				

通过表 4 - 7 可看出，施氮量×打顶时期互作的极差 $|R|$ 居第一位，是影响产值的主要因子，其他因子对产值的影响较小。

表 4 - 7　极差比较表

因子	极小值	极大值	极差 $|R|$	调整 $|R'|$
施氮量	54 253.113 9	69 258.970 4	15 005.856 5	23 409.136 2
株距	57 362.622 1	64 197.265 1	6 834.643 0	10 662.043 1
施氮量×株距	57 744.664 6	61 316.875 2	3 572.210 6	5 572.648 5
留叶数	53 461.673 2	68 780.391 9	15 318.718 7	23 897.201 2
施氮量×留叶数	52 695.614 3	68 375.969 1	15 680.354 8	24 461.353 5
株距×留叶数	58 876.663 2	60 485.466 3	1 608.803 1	2 509.732 9
打顶时期	57 928.427 7	62 365.619 8	4 437.192 2	6 922.019 8
施氮量×打顶时期	52 849.367 9	71 992.411 5	19 143.043 7	29 863.148 1
株距×打顶时期	55 166.916 4	64 271.922 1	9 105.005 7	14 203.808 9
留叶数×打顶时期	53 729.931 8	64 782.080 5	11 052.148 7	17 241.351 9

通过表 4-8 可看出，NC196 品种产值最高的栽培措施：施纯氮量 105.0kg/hm²，株距 0.55m，留叶数 18，扣心打顶。

表 4-8 均值比较表

因子	均值		
	水平 1	水平 2	水平 3
施氮量	54 253.113 9	69 258.970 4	55 869.425 2
株距	57 821.622 3	64 197.265 1	57 362.622 1
施氮量×株距	61 316.875 2	57 744.664 6	60 319.969 6
留叶数	68 780.391 9	53 461.673 2	57 139.444 3
施氮量×留叶数	58 309.926 0	52 695.614 3	68 375.969 1
株距×留叶数	60 019.380 0	58 876.663 2	60 485.466 3
打顶时期	62 365.619 8	59 087.462 0	57 928.427 7
施氮量×打顶时期	54 539.730 1	71 992.411 5	52 849.367 9
株距×打顶时期	55 166.916 4	64 271.922 1	59 942.671 1
留叶数×打顶时期	60 869.497 2	64 782.080 5	53 729.931 8

（3）上等烟比例。通过表 4-9 可看出，留叶数的 p 值达显著水平，其他变异来源未达到显著水平。

表 4-9 正交设计方差分析表

变异来源	平方和	自由度	均方	F 值	p 值
施氮量	584.971 8	2	292.485 9	3.554 2	0.095 9
株距	122.924 4	2	61.462 2	0.746 9	0.513 3
施氮量×株距	31.660 9	2	15.830 5	0.192 4	0.829 9
留叶数	1 509.181 7	2	754.590 9	9.169 6	0.015 0
施氮量×留叶数	574.284 3	2	287.142 2	3.489 3	0.098 8
株距×留叶数	150.816 3	2	75.408 2	0.916 3	0.449 5
打顶时期	32.744 3	2	16.372 2	0.198 9	0.824 8
施氮量×打顶时期	642.406 3	2	321.203 1	3.903 2	0.082 1
株距×打顶时期	203.823 1	2	101.911 5	1.238 4	0.354 6
留叶数×打顶时期	427.756 7	2	213.878 3	2.599 0	0.153 8
误差	493.758 3	6	82.293 1		
总和	4 774.328 1				

通过表 4-10 可看出，留叶数的极差 $|R|$ 居第一位，是影响上等烟比例的主要因子，其他因子对上等烟比例的影响较小。

表 4-10 极差比较表

因子	极小值	极大值	极差 $|R|$	调整 $|R'|$
施氮量	37.335 4	48.683 9	11.348 6	17.703 8
株距	39.747 1	44.732 1	4.985 0	7.776 6
施氮量×株距	41.162 7	43.510 3	2.347 5	3.662 2
留叶数	35.728 2	53.064 7	17.336 4	27.044 9
施氮量×留叶数	38.723 1	49.159 5	10.436 4	16.280 9
株距×留叶数	40.326 5	45.920 4	5.593 9	8.726 4
打顶时期	41.521 9	44.167 7	2.645 8	4.127 4
施氮量×打顶时期	39.204 1	49.591 1	10.387 0	16.203 7
株距×打顶时期	38.919 5	45.382 3	6.462 8	10.082 0
留叶数×打顶时期	37.640 9	47.368 8	9.727 9	15.175 6

通过表 4-11 可看出，NC196 品种上等烟比例最高的栽培措施：施纯氮量 105.0kg/hm²，株距 0.6m，留叶数 18，扣心打顶。

表 4-11 均值比较表

因子	均值		
	水平 1	水平 2	水平 3
施氮量	37.335 4	48.683 9	42.059 6
株距	44.732 1	43.599 7	39.747 1
施氮量×株距	41.162 7	43.510 3	43.405 9
留叶数	53.064 7	35.728 2	39.286 1
施氮量×留叶数	40.196 4	38.723 1	49.159 5
株距×留叶数	40.326 5	41.832 1	45.920 4
打顶时期	44.167 7	41.521 9	42.389 4
施氮量×打顶时期	39.283 8	49.591 1	39.204 1
株距×打顶时期	38.919 5	45.382 3	43.777 1
留叶数×打顶时期	43.069 2	47.368 8	37.640 9

2. 化学成分协调性

烤烟化学成分评价指标包括烟碱、总氮、还原糖、钾、糖碱比、钾氯比、两糖比、氮碱比。各指标的权重和赋值（表4－12）参照中国烟草总公司发布的《烤烟新品种工业评价方法》，各指标的权重依次为 0.14、0.07、0.14、0.06、0.22、0.10、0.12、0.15，采用指数和法评价烤烟化学成分协调性。

表4－12　烟叶化学成分评价指标赋值方法

指标	100分	100～90分	90～80分	80～70分	70～60分	60～30分	30分
烟碱（%）	2.2～2.8	2.2～2.0	2.0～1.8	1.8～1.7	1.7～1.6	1.6～1.2	<1.2
		2.8～3.0	3.0～3.1	3.1～3.2	3.2～3.3	3.3～3.5	>3.5
总氮（%）	1.8～2.0	1.8～1.6	1.6～1.5	1.5～1.4	1.4～1.3	1.3～1.0	<1.0
		2.0～2.2	2.2～2.3	2.3～2.4	2.4～2.5	2.5～2.8	>2.8
还原糖（%）	24.0～28.0	24.0～22.0	22.0～20.0	20.0～18.0	18.0～16.0	16.0～14.0	<14.0
		28.0～30.0	30.0～31.0	31.0～32.0	32.0～33.0	33.0～35.0	>35.0
钾（%）	>2.5	2.5～2.0	2.0～1.6	1.6～1.4	1.4～1.2	1.2～1.0	<1.0
糖碱比	8.0～10.0	8.0～7.0	7.0～6.5	6.5～6.0	6.0～5.5	5.5～4.0	<4.0
		10.0～12.0	12.0～14.0	14.0～16.0	16.0～18.0	18.0～20.0	>20.0
钾氯比	≥8.0	8.0～6.0	6.0～4.0	4.0～3.0	3.0～2.0	2.0～1.0	<1.00
两糖比	≥0.9	0.9～0.85	0.85～0.80	0.80～0.75	0.75～0.70	0.70～0.60	<0.60
氮碱比	0.90～1.00	0.90～0.80	0.80～0.70	0.70～0.65	0.65～0.60	0.60～0.50	<0.50
		1.00～1.10	1.10～1.20	1.20～1.25	1.25～1.30	1.30～1.40	>1.40

（1）上部叶化学成分协调性得分。通过表4－13可看出，株距、留叶数的 p 值达显著水平，其他变异来源未达到显著水平。

表4－13　正交设计方差分析表

变异来源	平方和	自由度	均方	F值	p 值
施氮量	113.384 7	2	56.692 3	0.951 7	0.437 5
株距	647.697 1	2	323.848 5	5.436 3*	0.045 0
施氮量×株距	104.318 0	2	52.159 0	0.875 6	0.463 8
留叶数	895.208 6	2	447.604 3	7.513 8*	0.023 2
施氮量×留叶数	608.465 1	2	304.232 5	5.107 0	0.050 7

（续）

变异来源	平方和	自由度	均方	F 值	p 值
株距×留叶数	12.515 7	2	6.257 8	0.105 0	0.901 9
打顶时期	173.660 1	2	86.830 1	1.457 6	0.304 8
施氮量×打顶时期	411.773 0	2	205.886 5	3.456 1	0.100 3
株距×打顶时期	240.960 4	2	120.480 2	2.022 5	0.213 1
留叶数×打顶时期	438.837 4	2	219.418 7	3.683 3	0.090 4
误差	357.427 6	6	59.571 3		
总和	4 004.247 7				

通过表 4-14 可看出，留叶数的极差丨R丨居第一位，是影响上部叶化学成分协调性得分的主要因子；其次是株距、施氮量×留叶数互作；其他因子的影响较小。

表 4-14　极差比较表

因子	极小值	极大值	极差丨R丨	调整丨R′丨
施氮量	62.804 4	67.808 9	5.004 4	7.806 9
株距	59.586 7	71.571 1	11.984 4	18.695 7
施氮量×株距	62.671 1	67.155 6	4.484 4	6.995 7
留叶数	57.284 4	69.806 7	12.522 2	19.534 7
施氮量×留叶数	59.660 0	71.286 7	11.626 7	18.137 6
株距×留叶数	64.568 9	66.235 6	1.666 7	2.600 0
打顶时期	62.662 2	68.784 4	6.122 2	9.550 7
施氮量×打顶时期	61.135 6	70.580 0	9.444 4	14.733 3
株距×打顶时期	61.284 4	68.237 8	6.953 3	10.847 2
留叶数×打顶时期	59.744 4	68.733 3	8.988 9	14.022 7

从表 4-15 可以看出，NC196 品种上部叶化学成分协调性得分最高的栽培措施：施纯氮量 127.5kg/hm²，株距 0.55m，留叶数 22，现蕾打顶。

表 4-15　均值比较表

因子	均值		
	水平 1	水平 2	水平 3
施氮量	65.644 4	62.804 4	67.808 9

（续）

因子	均值		
	水平1	水平2	水平3
株距	65.100 0	71.571 1	59.586 7
施氮量×株距	67.155 6	62.671 1	66.431 1
留叶数	69.166 7	57.284 4	69.806 7
施氮量×留叶数	65.311 1	59.660 0	71.286 7
株距×留叶数	66.235 6	64.568 9	65.453 3
打顶时期	62.662 2	68.784 4	64.811 1
施氮量×打顶时期	64.542 2	70.580 0	61.135 6
株距×打顶时期	68.237 8	61.284 4	66.735 6
留叶数×打顶时期	67.780 0	59.744 4	68.733 3

（2）中部叶化学成分协调性得分。通过表4-16可看出，施氮量×株距、留叶数的 p 值达显著水平，其他变异来源未达到显著水平。

表4-16 正交设计方差分析表

变异来源	平方和	自由度	均方	F 值	p 值
施氮量	47.002 2	2	23.501 1	0.698 5	0.533 7
株距	328.246 4	2	164.123 2	4.878 1	0.055 2
施氮量×株距	403.277 6	2	201.638 8	5.993 1*	0.037 1
留叶数	722.529 1	2	361.264 5	10.737 5*	0.010 4
施氮量×留叶数	57.620 6	2	28.810 3	0.856 3	0.470 8
株距×留叶数	56.529 4	2	28.264 7	0.840 1	0.476 8
打顶时期	99.732 4	2	49.866 2	1.482 1	0.299 9
施氮量×打顶时期	4.227 2	2	2.113 6	0.062 8	0.939 7
株距×打顶时期	10.736 3	2	5.368 1	0.159 6	0.856 0
留叶数×打顶时期	213.933 5	2	106.966 7	3.179 3	0.114 4
误差	201.870 3	6	33.645 1		
总和	2 145.705 1				

通过表4-17可看出，留叶数的极差 $|R|$ 居第一位，是影响中部叶

化学成分协调性得分的主要因子；其次是株距、施氮量×株距互作；其他因子的影响较小。

表 4-17 极差比较表

因子	极小值	极大值	极差$|R|$	调整$|R'|$
施氮量	76.572 2	79.692 2	3.120 0	4.867 2
株距	74.292 2	82.811 1	8.518 9	13.289 5
施氮量×株距	75.171 1	83.812 2	8.641 1	13.480 1
留叶数	71.473 3	83.926 7	12.453 3	19.427 2
施氮量×留叶数	76.772 2	80.305 6	3.533 3	5.512 0
株距×留叶数	76.344 4	79.606 7	3.262 2	5.089 1
打顶时期	75.661 1	79.853 3	4.192 2	6.539 9
施氮量×打顶时期	77.975 6	78.914 4	0.938 9	1.464 7
株距×打顶时期	77.596 7	79.141 1	1.544 4	2.409 3
留叶数×打顶时期	75.805 6	82.293 3	6.487 8	10.120 9

从表 4-18 可以看出，NC196 品种中部叶化学成分协调性得分最高的栽培措施：施纯氮量 105.0kg/hm²，株距 0.50m，留叶数 20，现蕾打顶。

表 4-18 均值比较表

因子	均值		
	水平 1	水平 2	水平 3
施氮量	78.862 2	79.692 2	76.572 2
株距	82.811 1	78.023 3	74.292 2
施氮量×株距	75.171 1	76.143 3	83.812 2
留叶数	71.473 3	83.926 7	79.726 7
施氮量×留叶数	76.772 2	80.305 6	78.048 9
株距×留叶数	79.606 7	79.175 6	76.344 4
打顶时期	75.661 1	79.853 3	79.612 2
施氮量×打顶时期	78.236 7	77.975 6	78.914 4
株距×打顶时期	77.596 7	79.141 1	78.388 9
留叶数×打顶时期	75.805 6	82.293 3	77.027 8

（四）结论

1. 经济性状

NC196 品种经济性状最佳的栽培措施：在中等土壤肥力条件下，施纯氮量 105.0kg/hm²，株距 0.55～0.6m，留叶数 18～20，扣心至现蕾打顶。

2. 化学成分协调性

NC196 品种上部叶化学成分协调性得分最高的栽培措施：施纯氮量 127.5kg/hm²，株距 0.55m，留叶数 22，现蕾打顶。

NC196 品种中部叶化学成分协调性得分最高的栽培措施：施纯氮量 105.0kg/hm²，株距 0.50m，留叶数 20，现蕾打顶。

五、NC196 品种关键配套生产技术成果应用

（一）合理布局

云南省海拔 1 400～1 500m 的区域，是 NC196 品种的最适宜种植区域。

（二）坚持轮作

（1）品种轮换种植顺序推荐为 NC196 - K326 -云烟 87。

（2）田块轮作推荐为：①田烟最好与水稻轮作；②地烟最好与玉米轮作。

（3）前茬作物推荐为空闲或绿肥，其次考虑麦类、荞等其他作物。

（三）覆膜栽培

（1）地膜要求。透光率在 30％ 以上的黑色地膜，厚度 0.008～0.014mm，宽度 1～1.2m。

（2）开孔。移栽后注意在膜上两侧（非顶部）分别开一直径 3～5cm 小孔，以降低膜下温度，防止膜下温度过高灼伤烟苗。

（3）掏苗。观察膜下小苗生长情况，以苗尖生长接触膜之前为标准，把握掏苗关键时间，一般在移栽后 10～15d，掏苗时间选择在阴天、早上 9 时之前或下午 5 时之后。

（4）破膜培土。在移栽后 30～40d 进行（雨季来临时），海拔 2 000m 以下烟区进行完全破膜、培土和施肥，海拔 2 000m 以上可以采用不完全破膜、培土和施肥。

（5）查塘补缺。移栽后 3～5d 内及时查苗补缺，并用同一品种大小一致的烟苗补苗，确保苗全苗齐。膜下小苗在掏苗结束后及时采用备用苗进行补苗。

（四）适时早栽

（1）最适宜移栽时间。膜下小苗 4 月 15 日—4 月 25 日；膜上壮苗移栽 4 月 15 日—5 月 5 日。膜下小苗在合理移栽期内（4 月 15 日—4 月 30 日），2 000m 及以下海拔段可以适当推迟膜下小苗移栽时间，2 100m 及以上海拔段应该尽量提前移栽。

（2）不同区域膜下小苗最适宜移栽时间。红河 4 月 15 日—5 月 5 日、昆明 4 月 15 日—5 月 5 日、曲靖 4 月 10 日—4 月 30 日、保山 4 月 25 日—5 月 15 日。

（3）移栽要求及技术。

①苗龄控制在 30～35d，苗高 5～8cm，4 叶一心至 5 叶一心，烟苗清秀健壮，整齐度好。

②膜下小苗育苗盘标准：300～400 孔。

③膜下小苗移栽塘标准及移栽规格：塘直径 35～40cm，深度 15～20cm；株距 0.5～0.55m，行距 1.1～1.2m。

④移栽浇水。移栽时浇水，每塘 3～4kg；第 1 次追肥时浇水，即在移栽后 7～15d（掏苗时）浇水 1kg 左右；第 2 次追肥时浇水，即移栽后 30～40d（破膜培土）浇水 1～2kg。

（五）合理施肥

NC196 品种在中等土壤肥力条件下施纯氮 105.0kg/hm^2，N：P$_2$O$_5$：K$_2$O＝1：1：（2.5～3）。

（六）加强病害综合防治

NC196 品种中感赤星病、根结线虫病，感马铃薯 Y 病毒病，要特别注意对赤星病、根结线虫病、马铃薯 Y 病毒病的防治。

1. 赤星病防治

（1）农业措施。合理种植密度，每亩植烟不超过 1 100 株；适时打顶，合理留叶；及时清除烟田杂草和底脚叶，带出烟田统一处理；适时采摘下 2 棚烟叶，保持田间通风透光，减少再侵染菌源的数量，提高烟株抗病性，减轻病害的发生与危害。

（2）侵染源控制。收获后，清除烟秆等病残体，烘烤结束后，清理烤房附近烟叶废屑等，并集中处理。

（3）科学用药。打顶前 15d，均匀喷施波尔多液预防病害发生，可选用 80％波尔多液可湿性粉剂 600～750 倍液，也可自行配制。初现病斑时每亩可选用 100 亿芽孢/g 枯草芽孢杆菌可湿性粉剂 40～60g 等药剂进行喷施。烟株打顶后 3～7d，田间出现发病株时，（病情指数达 10 时）用 10％多抗霉素可湿性粉剂 800～1 000 倍液、30％苯醚甲环唑悬浮剂交替进行叶片喷雾，打顶前可以每亩用 40％菌核净 100～150g 喷施叶面，施药时应着重中、下部叶，自下而上喷施。

2. 根结线虫病防治

（1）农业防治。与禾本科作物进行 3 年以上轮作，有条件的地区可实行水旱轮作，或与万寿菊、油萝卜等轮作效果更好；及时拔除病株，集中销毁，搞好田间卫生。采烤结束后及时清除田间烟株病残根。根结线虫严重地块，注意黑胫病的防控；适时早栽，高培土，施足底肥，增施有机肥，及时排除积水。移栽前 1 个月进行深翻晒垡。采烤结束后，种植绿色作物如油萝卜等，至盛花初期翻埋，对根结线虫有一定控制作用。

（2）科学用药。烤烟移栽前采用 10％噻唑磷颗粒剂与塘土拌匀，防治烤烟根结线虫。也可用 0.5％阿维菌素颗粒剂、3％阿维菌素微胶囊剂 30～45kg/hm^2，或 2.5 亿个孢子/g 厚孢轮枝菌微粒剂 22.5～30kg/hm^2、100 亿芽孢/g 坚强芽孢杆菌可湿性粉剂、3％阿维菌素微囊悬浮剂等进行药剂防治，按照产品要求及时在移栽期和团棵期施用，最大限度降低初侵染原数量。或施用油萝卜等秸秆有机肥 600kg/hm^2 于移栽时穴施，结合中耕培土再施入 0.5％阿维菌素颗粒剂、3％阿维菌素微胶囊剂 15～30kg/hm^2，或 2.5 亿个孢子/g 厚孢轮枝菌微粒剂 15kg/hm^2。

3. 马铃薯 Y 病毒病防治

（1）苗期防控。苗期全程使用防虫网；在大棚门窗、通风口设置 40 目以上的防虫网，隔离蚜虫。可使用黄色、蓝色粘板防控有翅蚜。应用 3％超敏蛋白微粒剂或 8％宁南霉素水剂等抗病毒抑制剂，交替进行病毒病害预防。

（2）合理轮作。严重发病地块与水稻、玉米等非茄科作物轮作 2～3 年，种植布局实行区域化连片轮作，减少初侵染源。

（3）毒源控制。农事操作，按先健株后病株的顺序进行，田间宜及时清除烟田病株残体、底脚叶和杂草。烤烟采烤结束后，立即清除烟株残体，进行深耕晒垡。

（4）科学施肥。实行测土配方施肥，宜控氮、稳磷、增钾。

（5）治虫防病。移栽前应对烟田附近的茄科作物以及周边杂草进行蚜虫消杀。在烤烟团棵期和旺长期进行蚜茧蜂防治蚜虫。当田间蚜株率达 50％，单株蚜量＞20 头时，采用生物制剂喷雾防治蚜虫，可选用 10％烟碱乳油 600～800 倍液、0.5％苦参碱水剂 600～800 倍液等药剂。

（6）科学用药。在重病区，团棵期、旺长期、打顶抹杈阶段，应用 3％超敏蛋白微粒剂 3 000～5 000 倍液，或 8％宁南霉素水剂 1 000～1 200 倍液等药剂，交替进行病毒病害预防。

（七）适时封顶、合理留叶

NC196 品种适宜在现蕾期打顶，有效留叶数 18～20，打顶时摘除 2 片无效底脚叶，以改善田间通风透光条件，提高下部烟叶成熟度。

（八）成熟采收

NC196 品种田间烟株分层落黄特征明显，封顶后 10d 左右进入采收期。各部位烟叶采收原则：下部叶适熟采收（2～3 片/株），中部叶适熟稳采（2 片/株左右），上部叶（4～5 片/株）充分成熟后一次性采收。

（九）烘烤工艺

NC196 品种在烘烤过程中变黄、失水速度协调，可以参照 K326 烘烤工艺和技术进行烘烤。NC196 品种烟叶变黄期在干球温度 38℃和 40～42℃时要适当延长稳温时间；定色期在干球温度 53～55℃稳温，湿球温度 38～39℃；干筋期在干球温度 65～68℃稳温，湿球温度 39～41℃，直至全炉烟叶干筋。

第五章

KRK26 烤烟品种

一、引育过程

KRK26 品种是 KutasagaRK26 的简称，KRK26 烤烟品种是津巴布韦烟草研究院（Kutasaga）2001 年用 MSK326 和 RW（抗角斑病 1 号小种和根结线虫病的抗病新品系）通过杂交选育而成的雄性不育杂交种，是目前津巴布韦烟叶生产中推广种植面积最大的主栽品种。2006 年中国烟草育种研究（南方）中心从津巴布韦烟草研究院引进了该品种，近年来相继在云南、安徽、湖北等烟叶省份多个示范点开展生产示范试验以评价其种植适用性，试验结果均表明 KRK26 品种整体表现优于对照品种，有较高的产值和上中等烟叶比例，且品种特色鲜明，烟叶品质较好，综合抗病能力较强，深受卷烟工业企业喜爱，行业内产生了较大的影响，从特色品种开发角度也得到了国家烟草专卖局的高度认可，并逐渐扩大了其在全国烟叶产区的种植面积（李强等，2008；罗华元等，2009）。2009 年在云南召开的"2009 中国云南国际优质烟叶开发高级专家咨询评审会"上，与会专家一致认为：KRK26 品种具有明显的清甜香和焦甜香，香气流畅，底蕴厚实，其综合表现甚至超过了津巴布韦当地种植的此品种，可与美国、巴西优质烟叶媲美，烟叶品质达到国际一流水平。KRK26 品种于 2010 年通过云南省省级审定。

二、推广种植

KRK26 品种自引进以来相继在云南、安徽、湖北等烟叶省份多个示范点开展生产示范试验。云南省 2006 年开始在普洱市试种 KRK26 品种，2008 年 KRK26 品种试种面积占烤烟种植面积 0.13%。2009 年示范种植 KRK26 品种 333.33hm²，占烤烟种植面积的 3%。

2009 年在玉溪市红塔区示范种植 KRK26 烤烟品种 66.67hm²。

2010 年在玉溪市示范 KRK26 烤烟品种 3 040hm²，平均产量 2 532kg/hm²，上等烟比例 59.22%。

2010 年在昆明市西山区海口镇和碧鸡镇示范种植 66.7hm²，平均产量 2 504.25kg/hm²，上等烟比例为 41.6%（图 5-1）；在文山州文山县、砚山县、西畴县、麻栗坡县、马关县、丘北县、广南县示范种植 576.7hm²，平均产量 2 236.5kg/hm²，上等烟比例为 51.0%；在德宏州盈江、陇川、梁河、潞西 4 个县市生产示范 598.7hm²，平均产量 2 067kg/hm²，上等烟比例为 48.7%（图 5-2）。

2011 年在昆明市安宁市、宜良县、禄劝县示范种植 355.7hm²，平均产量 2 165.5kg/hm²，上等烟比例为 66.3%；在德宏州盈江、陇川、梁河、潞西 4 个县市示范种植 666.7hm²，平均产量 2 160kg/hm²，上等烟比例为 50.4%。

2011 年在普洱市宁洱县、墨江县、景谷县、景东县、镇沅县示范种植 KRK26 烤烟品种 333.33hm²，平均产量 2 115.00kg/hm²，上等烟比例为 43.94%。

图 5-1　KRK26 夏烟大田生产

图 5-2 KRK26 冬烟大田生产

2012 年玉溪市和红塔集团在新平县新化乡示范种植 KRK26 烤烟品种 3 386.3hm²，平均产量 1 848.9kg/hm²，上等烟比例 71.96%。

2019 年德宏州 KRK26 种植面积 4 706.67hm²，2020 年德宏州 KRK26 种植面积 4 933.33hm²，占全州烤烟种植面积的 52.59%。

2020 年在玉溪市示范种植 KRK26 烤烟品种 666.67hm²，其中红塔区 233.3hm²、澄江市 200hm²、新平县 233.3hm²。

三、KRK26 品种特征

（一）生物学及农业特征特性

1. 生物学特征特性

KRK26 品种（图 5-3）移栽至中心花开放期 73～76d，大田生育期 100～110d。田间整齐度好，生长势强，株式塔型；叶色淡绿，茎叶角度小，腰叶长椭圆形，叶面较皱，叶耳中，叶尖渐尖，叶缘波浪状，主脉粗细中等，叶片厚薄适中；花序集中，花冠淡红色。自然株高 210～220cm，打顶株高 130～135cm，自然叶数 28～29，有效叶数 22～24，茎围 8.2cm，节距 6.2cm，腰叶长 69.1cm，腰叶宽为 28.5cm。KRK26 吸收钾能力较强，田间观察该品种伸根期比较长，根系生长量较大，这可能与该品种吸收钾能力强有关（顾少龙等，2011）。

图5-3 KRK26品种生物学性状

2. 抗病性

KRK26品种中抗南方根结线虫病，中感赤星病，感黑胫病、烟草花叶病毒病。在烟草花叶病毒病高发区慎重选择种植。

3. 经济性状

KRK26品种平均产量为2 700~3 000kg/hm²，上等烟比例47％左右，上中等烟比例80％左右。

（二）栽培技术要点

KRK26品种为多叶型品种，为保证烟叶质量，不能采用现蕾打顶的方式打顶。必须根据留叶数打顶。当大田烟株长至26片叶时开始打顶，将顶芽连同附着的2~3片小叶一起打落。留21~23片有效叶。亩施纯氮比K326少1~1.5kg。

KRK26品种比红花大金元品种稍耐肥，但耐肥性不及K326和云烟87。中等肥力田块施纯氮75~90kg/hm²，N：P_2O_5：K_2O＝1：（1~1.5）：（3.0~3.5）。KRK26品种株型较大，宜适当稀植，种植行距120cm，株距55~60cm，大田应采取足叶打顶措施及时打顶，根据烟株营养情况，打掉下部 4～5 片叶，单株留足有效采烤叶 20～22 片后（最上面叶片长 25cm 时），将多余叶片打去。KRK26 品种中下部叶分层成熟，上部叶集中成熟，各部位烟叶成熟均匀性比 K326 品种和云烟 87 好，烟叶耐熟性好。

（三）烘烤技术要点及特性

KRK26 品种中部和下部烟叶失水、变黄速度要稍慢于 K326 品种，并且明显比云烟 85、云烟 87 等品种慢；全身变黄的特征十分明显，并且下部烟叶的易烤性差，中部烟叶较易烘烤；上部成熟好的烟叶失水、变黄速度中等，但明显比 K326、云烟 85、云烟 87 等品种慢。各部位烟叶采收成熟度标准比 K326 和云烟 87 高，可用"低温中湿变黄，高温中湿定色，高温中湿干燥"的方法烘烤，烘烤过程中要根据烟叶素质适时调整，协调好变黄与脱水、定色与干叶和干筋的关系，同时，升温速度控制在 0.5～1.0℃/h，升温过快容易出现烤青或挂灰烟。

四、KRK26 品种烟叶品质及风格特征

（一）外观质量特征

KRK26 品种烟叶颜色金黄，成熟，叶片结构疏松至尚疏松，身份中等，油分有至稍有，色度强，外观质量较好。初烤烟颜色多橘黄，组织结构疏松，柔软、富有弹性，中部叶比例较高，含梗率较低，油分有至多，光泽强，主要化学成分含量适宜，物理特性好，吸食品质好。云南出产的 KRK26 烟叶秉承了云南烟叶"清甜香润"的风格特征，感官评吸质量较好，工业可用性强。

（二）物理特征

上部叶单叶重 11.35g，平衡含水率 12.78%，含梗率 28.33%，填充值 5.21cm³/g，阴燃时间 4.8s。

中部叶单叶重 9.64g，平衡含水率 13.54%，含梗率 31.45%，填充值 5.58cm³/g，阴燃时间 5.1s。

（三）化学品质特征

KRK26 中部烟叶烟碱含量 2.04%～3.18%；总糖含量 26.66%～

32.27%；还原糖含量 17.11%～32.49%；钾含量 2.08%～3.18%；氯含量 0.21%～0.64%；总氮含量 1.53%～2.30%；糖碱比为 7.44～13.88，氮碱比为 0.70～0.93，钾氯比范围为 3.59～12.52。

（四）感官质量特征

烟叶感官质量与主栽品种相当，风格有所变化，主要表现为香气更加丰富，浓度略有增加，烟气细腻、柔和，清甜香减弱，焦甜感显露（蔡长春等，2011）。

（五）致香物质特征

由表 5－1 可看出，不同烤烟品种中性致香物质总量由高到低为 KRK28＞NC72＞NC71＞KRK26＞NC102＞NC297＞CC402＞NC89＞中烟 100，KRK 26 品种烟叶中性致香物质总量中等（顾少龙等，2011）。

由表 5－2 可看出，在中性致香物质成分中，类胡萝卜素降解产物较丰富，其中巨豆三烯酮是叶黄素的降解产物，对烟叶的香味有重要贡献，也是国外优质烟叶的显著特征（周冀衡等，2004；史宏志等，2009）。不同烤烟品种巨豆三烯酮总量由高到低为 KRK28＞NC297＞NC72＞NC89＞NC71＞KRK26＞NC102＞CC402＞中烟 100，KRK26 品种烟叶巨豆三烯酮总量中等，说明 KRK26 品种烟叶香味一般。

叶绿素降解产物新植二烯是含量最高的成分，不同烤烟品种叶片中性致香物质总量的差异主要是新植二烯含量不同造成的。不同烤烟品种新植二烯含量由高到低为 KRK28＞NC72＞NC71＞KRK26＞NC102＞CC402＞NC297＞NC89＞中烟 100，KRK26 品种烟叶新植二烯含量中等。但新植二烯香气阈值较高，本身只具有微弱香气，在调制和陈化过程中可进一步降解转化为其他低分子成分（史宏志，1998）。

表 5－1　不同烤烟品种 C3F 等级中性致香物质含量（μg/g）

中性致香物质		NC297	NC102	KRK26	KRK28	NC71	NC72	CC402	NC89	中烟100
类胡萝卜素类	β-大马酮	20.60	22.19	25.17	25.62	20.99	21.12	21.91	21.50	19.81
	香叶基丙酮	11.15	9.84	8.04	11.82	6.39	12.80	1.16	10.70	4.80

（续）

中性致香物质		NC297	NC102	KRK26	KRK28	NC71	NC72	CC402	NC89	中烟100
类胡萝卜素类	二氢猕猴桃内酯	1.81	1.65	1.90	1.76	1.45	1.32	1.46	1.62	1.38
	脱氢β-紫罗兰酮	0.22	0.24	0.15	0.16	0.13	0.13	0.16	0.22	0.19
	巨豆三烯酮1	0.29	0.28	0.21	0.29	0.22	0.22	0.25	0.34	0.12
	巨豆三烯酮2	0.30	0.25	0.35	0.42	0.28	0.43	0.31	0.27	0.25
	巨豆三烯酮3	0.97	0.91	0.77	0.99	0.92	1.05	0.59	1.04	0.27
	3-羟基-β-二氢大马酮	1.25	0.90	1.05	1.32	1.16	1.09	0.97	1.04	0.40
	巨豆三烯酮4	1.48	0.73	1.30	2.35	1.28	1.31	0.84	1.13	0.45
	螺岩兰草酮	8.05	5.45	5.45	9.95	9.61	8.76	4.59	7.26	1.95
	法尼基丙酮	8.57	7.75	9.36	15.86	10.42	10.17	6.83	8.73	3.57
	6-甲基-5-庚烯-2-酮	2.75	2.09	1.71	3.52	2.71	2.28	0.95	2.00	0.41
	6-甲基-5-庚烯-2-醇	0.55	0.47	0.55	0.77	0.48	0.48	0.32	0.45	0.31
	芳樟醇	1.60	1.53	1.87	4.35	1.56	1.74	1.32	1.80	1.59
	氧化异佛尔酮	0.19	0.18	0.07	0.19	0.15	0.25	0.26	0.24	0.16
棕色化产物类	糠醛	18.60	17.86	13.87	21.86	16.15	19.61	15.62	18.68	9.45
	糠醇	1.85	1.09	1.68	6.65	2.15	2.01	1.13	3.23	0.36
	2-乙酰基呋喃	0.60	0.54	0.46	0.38	0.56	0.53	0.47	0.62	0.31
	5-甲基-2-糠醛	0.74	0.76	0.63	1.22	0.44	0.55	0.39	0.44	0.33
	3，4-二甲基-2，5-呋喃二酮	4.60	5.45	3.62	6.47	4.32	3.45	2.01	3.23	1.69
	2-乙酰基吡咯	0.36	0.23	0.26	0.57	0.49	0.40	0.25	0.27	0.13

（续）

中性致香物质		NC297	NC102	KRK26	KRK28	NC71	NC72	CC402	NC89	中烟100
苯丙氨酸裂解产物类	苯甲醛	1.60	1.79	0.99	1.68	1.69	1.42	1.29	1.29	0.64
	苯甲醇	8.21	5.45	4.78	23.64	8.75	13.14	5.43	6.41	1.38
	苯乙醛	0.63	0.37	0.39	0.92	0.76	0.79	0.46	0.55	0.11
	苯乙醇	2.02	1.57	2.07	13.33	2.23	3.33	1.28	1.66	0.31
类西柏烷类	4-乙烯-2-甲氧基苯酚	0.11	0.12	0.12	0.15	0.17	0.14	0.30	0.16	0.27
	茄酮	151.36	124.31	108.78	133.90	127.83	125.99	79.69	108.79	59.04
新植二烯	新植二烯	713.23	756.80	825.02	1 280.00	874.47	893.14	752.38	658.96	465.62
	总量	963.69	970.80	1 020.62	1 570.14	1 097.76	1 127.65	902.62	862.63	575.30

表 5-2　不同烤烟品种 C3F 等级中性致香物质分类分析（μg/g）

基因型	类胡萝卜素类	巨豆三烯酮	棕色化产物类	苯丙氨酸裂解产物类	类西柏烷类	新植二烯
NC297	59.78	3.04	26.75	12.46	151.47	713.23
NC102	54.47	2.17	25.92	9.17	124.43	756.80
KRK26	57.93	2.63	20.52	8.24	108.90	825.02
KRK28	79.36	4.05	37.16	39.56	134.05	1 280.00
NC71	57.75	2.70	24.11	13.43	128.00	874.47
NC72	63.15	3.01	26.54	18.67	126.13	893.14
CC402	41.91	1.99	19.85	8.46	79.99	752.38
NC89	58.35	2.78	26.47	9.92	108.95	658.96
中烟100	35.66	1.09	12.27	2.44	59.31	465.62

五、KRK26 品种适宜种植的生态环境及区域分布

KRK26 适宜在光热条件好，土质疏松（沙粒含量 20％以上），排灌方便的田（地）块进行种植，不宜在中高海拔温凉区域种植。在云南，KRK26 适宜在哀牢山以东区域的文山东部与西部，玉溪南部及其与红河、普洱交界一带，楚雄北部以及普洱大部、临沧中东部、德宏中南部等区域

种植。同时，避免在"两黑病"（黑胫病和根黑腐病）发病重的区域（田块）种植。

六、施氮量、留叶数、打顶时期对 KRK26 品种烟叶产质量的影响研究

（一）研究目的

KRK26 品种是由云南省烟草农业科学院从津巴布韦新引进的优质烤烟品种，该品种种植面积及产量均占津巴布韦烤烟生产的 85％左右，是出口到中国国内烟叶的主要品种。2006 年至 2008 年先后经过隔离检疫、品种小区比较试验和示范研究证实，KRK26 品种的农艺、经济、品质等综合性状与目前主栽品种 K326、云烟 85 及云烟 87 等相比，具有优质高产的优势。但在实际生产中也暴露出一些问题，一个重要的方面是栽培技术尚不能使该品种的特性得以充分发挥。在品种固定、生态条件相似的情况下，合理的栽培技术是烟草优质适产的关键措施（望运喜等，2010；向东山等，2006）。在一系列的烟草栽培技术中植烟密度（李海平等，2008；上官克攀等，2003）、施肥量（刘齐元等，2001；谢育平等，2006；周柳强等，2010）、留叶数（赵辉等，2010；邵维雄等，2011；刘泓等，2006；潘和平等，2010；戴勋等，2009）和留叶方式是极为重要的，对烟叶的生长发育、产量产值、化学成分、物理性质和工业可用性等均会产生影响。由于生态条件的差异，照搬津巴布韦的栽培方式在云南种植 KRK26 品种是不合适的。因此，以关键栽培技术为处理因素设计正交试验，通过田间小区试验对 KRK26 品种的最佳栽培技术进行筛选，并在云南部分烟区进行验证。

（二）材料与方法

1. 试验地点

2009 年在昆明市西山区海口镇白鱼村委会禄海新村，试验地海拔 1 936 米。试验地为旱地，前作为冬闲，土壤类型为红壤。土壤养分含量：土壤 pH 值 5.21，有机质 19.3g/kg，速效氮 96.25mg/kg，速效磷 11.00mg/kg，速效钾 87.00mg/kg。

2. 试验设计

本试验不考虑3因素的相互作用，水平随机排列。采用 L_9（3^4）正交设计，9个处理，3次重复，共计 27 个小区，每个小区 60 株烟。试验设计见表 5-3、表 5-4、表 5-5。

表 5-3 试验因素与水平表

因素水平	施氮量（kg/hm²）	留叶数（片）	打顶时期
1	90.0	19～20	初花打顶
2	76.5	17～18	现蕾打顶
3	63.0	21～22	扣心打顶

表 5-4 试验处理号

试验号	列号			
	施氮量（kg/hm²）	留叶数（片）	打顶时期	空列
1	90.0	19～20	初花打顶	1
2	90.0	17～18	现蕾打顶	2
3	90.0	21～22	扣心打顶	3
4	76.5	19～20	现蕾打顶	3
5	76.5	17～18	扣心打顶	1
6	76.5	21～22	初花打顶	2
7	63.0	19～20	扣心打顶	2
8	63.0	17～18	初花打顶	3
9	63.0	21～22	现蕾打顶	1

表 5-5 施肥方案

单位：kg/hm²

施肥方式	肥料种类	处理1 90.0	处理2 76.5	处理3 63.0
基肥	复合肥	437.505	371.625	306.12
	过磷酸钙	385.41	327.81	269.895
追肥	硝酸钾（提苗肥）	138.9	118.17	97.275
	硝酸钾（追肥）	138.9	118.17	97.275

注：复合肥配比 $N：P_2O_5：K_2O=12：10：24$，过磷酸钙（P_2O_5 12.0%），硝酸钾（N13.5%，K_2O 44.5%）；试验施肥配比 $N：P_2O_5：K_2O=1：1：2.54$。

（三）结果与分析

1. 经济性状

（1）产量。通过表 5-6 可看出，各个因子的 p 值均未达到显著水平，说明各个因子对产量影响不显著。

表 5-6　正交设计方差分析表

变异来源	平方和	自由度	均方	F 值	p 值
施氮量	177 594.00	2	88 797.00	2.716 7	0.269 1
留叶数	127 153.50	2	63 576.75	1.945 1	0.339 5
打顶时期	20 719.50	2	10 359.75	0.317 0	0.759 3
空列	65 371.50	2	32 685.75		
误差	65 371.50	2	32 685.75		
总和	390 838.50				

从表 5-7 可以看出，KRK26 品种产量最高的栽培措施：施纯氮量 76.5kg/hm²，留叶数 21～22，现蕾打顶。

表 5-7　产量均值比较表

因子	均值		
	水平 1	水平 2	水平 3
施氮量	2 463.50	2 774.50	2 746.50
留叶数	2 499.00	2 705.50	2 780.00
打顶时期	2 647.50	2 726.00	2 611.00
空列	2 599.00	2 782.00	2 603.50

（2）产值。通过表 5-8 可看出，各个因子的 p 值均未达到显著水平，说明各个因子对产值影响不显著。

表 5-8　正交设计方差分析表

变异来源	平方和	自由度	均方	F 值	p 值
施氮量	18 764 496.50	2	9 382 248.25	2.9487	0.2532
留叶数	4 453 826.00	2	2 226 913.00	0.6999	0.5883
打顶时期	3 627 609.50	2	1 813 804.75	0.5700	0.6369
空列	6 363 674.00	2	3 181 837.00		
误差	6 363 674.00	2	3 181 837.00		
总和	33 209 606.00				

从表5-9可以看出，KRK26品种产值最高的栽培措施：施纯氮量76.5kg/hm²，留叶数19～20，现蕾打顶。

表5-9　产值均值比较表

因子	均值		
	水平1	水平2	水平3
施氮量	52 381.50	55 897.50	53 807.00
留叶数	55 017.00	53 633.00	53 436.00
打顶时期	53 220.50	54 771.50	54 094.00
空列	53 539.00	55 212.00	53 335.00

（3）上等烟比例。通过表5-10可看出，各个因子的 p 值均未达到显著水平，说明各个因子对上等烟比例影响不显著。

表5-10　正交设计方差分析表

变异来源	平方和	自由度	均方	F 值	p 值
施氮量	25.44	2	12.72	2.408 8	0.293 4
留叶数	9.91	2	4.95	0.938 1	0.516 0
打顶时期	29.08	2	14.54	2.752 8	0.266 5
空列	10.56	2	5.28		
误差	10.56	2	5.28		
总和	74.99				

从表5-11可以看出，KRK26品种上等烟比例最高的栽培措施：施纯氮量76.5～90.0kg/hm²，留叶数19～20，扣心打顶。

表5-11　上等烟比例均值比较表

因子	均值		
	水平1	水平2	水平3
施氮量	64.70	64.70	61.13
留叶数	64.93	63.17	62.43
打顶时期	63.60	61.27	65.67
空列	64.60	63.90	62.03

2. 化学成分协调性

烤烟化学成分评价指标包括烟碱、总氮、还原糖、钾、糖碱比、钾氯比、两糖比、氮碱比。各指标的权重参照中国烟草总公司发布的《烤烟新品种工业评价方法》，依次为烟碱 0.14、总氮 0.07、还原糖 0.14、钾 0.06、糖碱比 0.22、钾氯比 0.10、两糖比 0.12、氮碱比 0.15，再根据《烤烟新品种工业评价方法》进行烤烟化学成分指标赋值（表 5 - 12），采用指数和法评价烤烟化学成分协调性。

表 5 - 12　烟叶化学成分评价指标赋值方法

指标＼得分	30	30～60	60～70	70～80	80～90	90～100	100
烟碱（%）	<1.2	1.2～1.6	1.6～1.7	1.7～1.8	1.8～2.0	2.0～2.2	2.2～2.8
	>3.5	3.3～3.5	3.2～3.3	3.1～3.2	3.0～3.1	2.8～3.0	
总氮（%）	<1.0	1.0～1.3	1.3～1.4	1.4～1.5	1.5～1.6	1.6～1.8	1.8～2.0
	>2.8	2.5～2.8	2.4～2.5	2.3～2.4	2.2～2.3	2.0～2.2	
还原糖（%）	<14.0	14.0～16.0	16.0～18.0	18.0～20.0	20.0～22.0	22.0～24.0	24.0～28.0
	>35.0	33.0～35.0	32.0～33.0	31.0～32.0	30.0～31.0	28.0～30.0	
钾（%）	<1.0	1.0～1.2	1.2～1.4	1.4～1.6	1.6～2.0	2.0～2.5	>2.5
糖碱比	<4.0	4.0～5.5	5.5～6.0	6.0～6.5	6.5～7.0	7.0～8.0	8.0～10.0
	>20.0	18.0～20.0	16.0～18.0	14.0～16.0	12.0～14.0	10.0～12.0	
钾氯比	<1.00	1.0～2.0	2.0～3.0	3.0～4.0	4.0～6.0	6.0～8.0	≥8.0
两糖比	<0.60	0.60～0.70	0.70～0.75	0.75～0.80	0.80～0.85	0.85～0.9	0.9
氮碱比	<0.50	0.50～0.60	0.60～0.65	0.65～0.70	0.70～0.80	0.80～0.90	0.90～1.00
	>1.40	1.30～1.40	1.25～1.30	1.20～1.25	1.10～1.20	1.00～1.10	

（1）上部叶化学成分协调性得分。通过表 5 - 13 可看出，各个因子及因子互作的 p 值均未达到显著水平，说明各个因子和因子互作对上部叶化学成分协调性得分影响不显著。

表 5 - 13　正交设计方差分析表

变异来源	平方和	自由度	均方	F 值	p 值
施氮量	80.28	2	40.14	0.8006	0.5554
留叶数	581.44	2	290.72	5.7987	0.1471
打顶时期	134.20	2	67.10	1.3384	0.4276
空列	100.27	2	50.14		
误差	100.27	2	50.14		
总和	896.19				

从表 5-14 可以看出，KRK26 品种上部叶化学成分协调性得分最高的栽培措施：施纯氮量 76.5kg/hm²，留叶数 21~22，现蕾打顶。

表 5-14　上部叶化学成分协调性得分均值比较表

因子	均值		
	水平 1	水平 2	水平 3
施氮量	63.35	68.81	61.86
留叶数	58.31	59.70	76.01
打顶时期	59.53	68.84	65.65
空列	68.29	60.24	65.50

（2）中部叶化学成分协调性得分。通过表 5-15 可看出，各个因子及因子互作的 p 值均未达到显著水平，说明各个因子和因子互作对中部叶化学成分协调性得分影响不显著。

表 5-15　正交设计方差分析表

变异来源	平方和	自由度	均方	F 值	p 值
施氮量	168.25	2	84.12	1.985 9	0.334 9
留叶数	104.32	2	52.16	1.231 3	0.448 2
打顶时期	368.31	2	184.16	4.347 3	0.187 0
空列	84.72	2	42.36		
误差	84.72	2	42.36		
总和	725.60				

从表 5-16 可以看出，KRK26 品种中部叶化学成分协调性得分最高的栽培措施：施纯氮量 76.5kg/hm²，留叶数 21~22，现蕾打顶。

表 5-16　中部叶化学成分协调性得分均值比较表

因子	均值		
	水平 1	水平 2	水平 3
施氮量	82.49	85.64	75.31
留叶数	76.63	81.97	84.84
打顶时期	77.47	90.14	75.82
空列	83.59	76.82	83.03

（四）结论

1. 经济性状

KRK26 品种经济性状最佳的栽培措施：在中等土壤肥力条件下，施纯氮量 76.5～90.0kg/hm²，留叶数 19～20，现蕾打顶。

2. 化学成分协调性

KRK26 品种上部叶化学成分协调性得分最高的栽培措施：施纯氮量 76.5kg/hm²，留叶数 21～22，现蕾打顶。

KRK26 品种中部叶化学成分协调性得分最高的栽培措施：施纯氮量 76.5kg/hm²，留叶数 21～22，现蕾打顶。

七、KRK26 品种烘烤工艺试验研究

（一）研究背景

烤烟烘烤一方面是排除鲜烟叶内的水分，使烟叶干燥；另一方面是使烟叶的内含物质在适宜的条件下转化或分解，达到优良品质的标准，符合卷烟工业的需要。对于不同的品种，烘烤的技术要点也不同，我国对 KRK26 品种烘烤特性已有研究（张国超，2013），但是有关 KRK26 品种烘烤工艺的研究还未见报道。为进一步完善 KRK26 烘烤技术，还需要更清楚地掌握云南烟区 KRK26 品种最佳烘烤技术工艺，为云南 KRK26 品种烤烟烘烤技术规程的制定提供科学依据。

（二）材料与方法

1. 试验地点

在昆明市西山区海口镇白鱼村委会禄海新村 3 户农户烤房内进行。KRK26 品种烤烟种植区域海拔 1 955m，土壤类型为红壤，肥力中等。

2. 试验处理

在主、支脉变黄期的关键温度段 38～47℃设计不同时段的延时烘烤处理，其余烘烤时段按 K326 品种烘烤图表正常进行。各处理如下：

（1）处理 1。在第 1 座烤房（CK，常规烘烤），在 41～44℃温度段稳温 24h。

（2）处理2。在第2座烤房，在38～41℃温度段稳温24h。

（3）处理3。在第3座烤房，在44～47℃温度段稳温24h。

（三）结果与分析

各处理分别取中部烘烤干烟20竿、上部烘烤干烟20竿分级别进行烘烤，其经济性状结果见表5-17。

表5-17　不同烘烤处理经济性状分析

收购级别	收购价格（元/kg）	处理1（CK）		处理2		处理3	
		数量（kg）	金额（元）	数量（kg）	金额（元）	数量（kg）	金额（元）
中橘二	19.40	3.25	63.05	2.52	48.88	2.4	46.56
中橘三	17.60	3.0	52.80	6.30	110.88	5.2	91.52
上橘一	18.20	4.7	85.54	6.0	109.20		
上橘二	16.00	9.7	155.20	4.0	64.00	8.0	128.00
上等烟小计		20.65	356.59	18.82	332.96	15.60	266.08
中橘四	15.40	4.5	69.30	4.8	73.92	5.8	89.32
上橘三	13.60	8.9	121.04	4.0	54.40	12.0	163.20
上橘四	10.60	1.7	18.02	7.0	74.20	2.66	28.20
中微三	14.40	3.5	50.40				
中等烟小计		18.60	258.76	15.80	202.52	20.46	280.72
中下杂一	7.60	1.0	7.60			1.8	13.68
中下杂二	5.80			0.4	2.32	1.0	5.80
上杂一	7.20			3.0	21.6	4.0	28.80
上杂二	5.60	1.6	8.96	7.4	41.44	2.66	14.90
青黄一	4.60	0.47	2.16				
青黄二	3.80	0.3	1.14				
不列级		2.0		2.0		2.4	
下等烟小计		5.37	19.86	12.8	65.36	11.86	63.18
合计		44.62	635.21	47.42	600.84	47.92	609.98
均价（元/kg）		14.24		12.67		12.73	
上等烟比例（%）		46.28		39.69		32.55	
中等烟比例（%）		41.69		33.32		42.70	

从表5-17可以看出，均价：处理1（CK）最高14.24元/kg，处理2最低12.67元/kg；上等烟比例：处理1（CK）最高为46.28%，处理3

最低 32.55%；中等烟比例：处理 3 最高为 42.70%，处理 2 最低 33.32%。中上等烟比例：处理 1（CK）最高为 87.96%，处理 2 最低 73.01%。

（四）结论

同一片区选择 3 户种植 KRK26 的农户设 3 个处理进行烘烤试验，结果表明，处理 1（CK，常规烘烤），烘烤出的烟叶均价和上等烟比例最高，分别为 14.24 元/kg 与 46.28%，处理 2 均价最低 12.67 元/kg，上等烟比例最低的是处理 3 为 32.55%。处理 3 中等烟比例最高为 42.70%，处理 2 最低为 33.32%。中上等烟比例处理 1（CK，常规烘烤）最高为 87.96%，处理 3 次之为 75.25%，处理 2 最低 73.01%。因此，可以认为处理 1（在 41～44℃ 温度段稳温 24h，其余烘烤时段按 K326 烘烤工艺进行）是 KRK26 最适宜的烘烤技术工艺。

（五）KRK26 烘烤工艺

根据 KRK26 品种烟叶具有变黄慢（但通身变黄明显），失水速度慢，耐烤性较好等特点，而且在不同的生产条件与生态区域下差异也明显，烘烤时一定要把握好干球和湿球的搭配，以协调好变黄和失水的关系，推荐采用"低温保湿慢变黄、稳温降湿促凋萎、稳控湿度干叶筋"的烘烤技术路线。

1. 变黄阶段

此阶段干球温度 35～43℃，湿球温度 34～37℃，目标使低温层烟叶叶片基本变黄、支脉青白色、主脉变软，高温层叶片充分发软凋萎，烟叶叶尖开始干燥。烟叶入炉后，关闭门窗，点火后，用 6～8h 将烤房内温度升至 34～35℃（以 35℃ 为主），湿球温度调整为 33～34℃，保持 8～12h，高温层烟叶叶尖开始变黄。以 2h 升 1℃ 的速度将干球温度升至 38～39℃（以下部叶 39℃，中上部叶 38℃ 为较适宜），湿球温度 35～36℃，稳定此温湿度 24～48h，至高温层烟叶叶片基本变黄，支脉青白色，叶片发软，适当加大进风排湿量。再以 2h 升 1℃ 的速度将干球温度升至 42～43℃，调节湿球温度至 35.5～37℃，持续 12～18h，使低温层烟叶叶片基本全黄，主脉青白色，叶片充分发软、塌架，高温层烟叶叶尖开始干燥时开使加火升温，适当开进风门通风排湿，转入干叶（定色）阶段。如果达不到此烘烤目标，则稳定干球温度 43℃，降低湿球温度至 35.5～36℃，延长烘烤 8～12h。

2. 干叶（定色）阶段

此阶段干球温度 45～54℃，湿球温度 37～39℃，目标使全炉烟叶叶肉干燥。以 2h 升 1℃ 的速度将干球温度升至 45℃ 以上，达到 48～49℃ 时调节湿球温度至 37～38℃，稳定此温湿度 18～24h，使低温层烟叶叶片叶肉全黄，烟叶主脉退青变白、钩尖卷边、充分凋萎，逐渐开大进风和排湿量，高温层烟叶叶干 1/3 左右。再以平均 2h 升温 1～1.5℃ 的速度将干球温度升至 54～55℃，把握干湿球 38～39℃，保持 18～24h，全炉烟叶叶肉全干达到大卷筒（3/4 以上）即转入干筋阶段。此阶段要加大烧火、稳升温，避免温度猛升猛降，加大进风排湿量。

3. 干筋阶段

干球温度 62～68℃，湿球温度 40～41℃（不超过 42℃），目标全炉使烟叶主脉干燥。以平均每小时升温 1℃ 的速度将干球温度升至 62～63℃，湿球温度 38～39℃，稳定此温湿度 8～12h，使低温层烟叶叶肉全部干燥，高温层烟叶主脉干燥 1/2 以上。再以每小时升温 1℃ 的速度将干球温度升至 65～68℃（下部叶 65～66℃，中上部叶 67～68℃），逐渐减小进风排湿量，稳定湿球温度 40～41℃（不超过 42℃），烘烤 24～36h，直至烟叶主脉完全干燥停火。

注意：KRK26 在相对干旱或冬春季节生产烟区的烘烤，在变黄期和定色期建议使用下线湿球温度值，而夏烟种植区在变黄期、干叶定色期可根据烟叶的素质或变化情况，对湿球温度做灵活调整。

八、KRK26 品种关键配套生产技术成果应用

（一）合理布局

KRK26 品种适宜在光热条件好，土质疏松（沙粒含量 20% 以上），排灌方便的田（地）块进行种植，不宜在中高海拔温凉区域种植。在云南，KRK26 适宜在哀牢山以东区域的文山东部与西部，玉溪南部及其与红河、普洱交界一带，楚雄北部以及普洱大部、临沧中东部、德宏中南部

等区域种植。同时，避免在"两黑"病（黑胫病和根黑腐病）发病重的区域（田块）种植。

（二）坚持轮作

（1）品种轮换种植顺序推荐为 KRK26‐K326‐云烟 87。

（2）田块轮作推荐为①田烟最好与水稻轮作；②地烟最好与玉米轮作。

（3）前茬作物推荐为空闲或绿肥，其次考虑麦类、荞等其他作物。

（三）覆膜栽培

（1）地膜要求。透光率在 30% 以上的黑色地膜，厚度 0.008～0.014mm，宽度 1～1.2m。

（2）开孔。移栽后注意在膜上两侧（非顶部）分别开一直径 3～5cm 小孔，以降低膜下温度，防止膜下温度过高灼伤烟苗。

（3）掏苗。观察膜下小苗生长情况，以苗尖生长接触膜之前为标准，把握掏苗关键时间，一般在移栽后 10～15d，掏苗时间选择在阴天、早上 9 点之前或下午 5 点之后。

（4）破膜培土。在移栽后 30～40d 进行（雨季来临时），2 000m 以下海拔烟区进行完全破膜、培土和施肥，2 000m 以上海拔可以采用不完全破膜、培土和施肥。

（5）查塘补缺。移栽后 3～5d 内及时查苗补缺，并用同一品种大小一致的烟苗补苗，确保苗全苗齐。膜下小苗在掏苗结束后及时采用备用苗进行补苗。

（四）适时早栽

（1）最适宜移栽时间。膜下小苗 4 月 15 日—4 月 25 日；膜上壮苗移栽 4 月 15 日—5 月 5 日。膜下小苗在合理移栽期内（4 月 15 日—4 月 30 日），2 000m 及以下海拔段可以适当推迟膜下小苗移栽时间，2 100m 及以上海拔应该尽量提前移栽。

（2）不同区域膜下小苗最适宜移栽时间。红河 4 月 15 日—5 月 5 日、昆明 4 月 15 日—5 月 5 日、曲靖 4 月 10 日—4 月 30 日、保山 4 月 25 日—

5 月 15 日。

（3）移栽要求及技术。

①苗龄控制在 30～35d，苗高 5～8cm，4 叶一心至 5 叶一心，烟苗清秀健壮，整齐度好。

②膜下小苗育苗盘标准：300～400 孔。

③膜下小苗移栽塘标准及移栽规格：塘直径 35～40cm，深度 15～20cm；株距 0.5～0.55m，行距 1.1～1.2m。

④移栽浇水。移栽时浇水：每塘 3～4kg；第 1 次追肥时浇水：即在移栽后 7～15d（掏苗时）浇水 1kg 左右；第 2 次追肥时浇水：即移栽后 30～40d（破膜培土）浇水 1～2kg。

（五）合理施肥

施氮量为 75～105kg/hm^2，N∶P$_2$O$_5$∶K$_2$O＝1∶（1～1.5）∶（3.0～3.5）。基肥∶提苗肥∶第 1 次追肥（移栽后 14d）∶第 2 次追肥（移栽后 30d）＝50%∶10%∶15%∶25%。

（六）加强病害综合防治

KRK26 中抗南方根结线虫病，中感赤星病，感黑胫病、烟草花叶病毒病。在烟草花叶病毒病高发区慎重选择种植。

1. 赤星病防治

（1）农业措施。合理种植密度，每亩植烟不超过 1 100 株；适时打顶，合理留叶；及时清除烟田杂草和底脚叶，带出烟田统一处理；适时采摘下 2 棚烟叶，保持田间通风透光，减少再侵染菌源的数量，提高烟株抗病性，减轻病害的发生与危害。

（2）侵染源控制。收获后，清除烟秆等病残体，烘烤结束后，清理烤房附近烟叶废屑等，并集中处理。

（3）科学用药。打顶前 15d，均匀喷施波尔多液预防病害发生，可选用 80% 波尔多液可湿性粉剂 600～750 倍液，也可自行配制。初现病斑时每亩可选用 100 亿芽孢/g 枯草芽孢杆菌可湿性粉剂 40～60g 等药剂进行喷施。烟株打顶后 3～7d，田间出现发病株时，（病情指数达 10 时）每亩用 10% 多抗霉素可湿性粉剂 800～1 000 倍液、30% 苯醚甲环唑悬浮剂交替进行叶片喷雾，打顶前可以用 40％菌核净 100～150g 喷施叶面，施药时应着重中、下部叶，自下而上喷施。

2. 黑胫病防治

（1）优化布局。实行轮作，最好为水旱轮作。选择在非茄科、十字花科、葫芦科等蔬菜前茬作物的区域科植。

（2）合理施肥。坚持"控氮、稳磷、增钾、补微"原则，施用有机肥。

（3）加强排水。严格按照"高起垄、深挖沟"模式操作，地烟区垄高 30cm 以上，田烟 35cm 以上。及时揭膜培土，保证根周围不积水。高温条件下严禁大水漫灌，雨后及时排除烟沟积水。加强排水管理，禁止灌溉水或因下雨的积水在田块间互串。

（4）微生态调控。每亩采用含孢子 10 亿个/g 枯草芽孢杆菌粉剂 125～200g（其他剂型参照说明书），寡雄腐霉菌（含孢子 100 万个/g）20～50g 移栽时穴施，2 亿个/g 孢子的木霉菌可湿性粉剂 1 000g 移栽时灌根，或在发病初期喷淋茎基部。也可通过基质拌菌或育苗池添加的方式施用微生态调控剂。

（5）阻断病菌源头。将发病严重的烟株及时拔出，并带离烟田集中处理，严禁随意丢弃在田间地头；烟塘内用生石灰进行消毒杀菌，避免病菌交叉感染。

（6）科学施药。有发病史的田块在移栽期、摆盘期、中耕培土时，每亩选用 50％烯酰吗啉 1 000 倍液，58％甲霜灵锰锌 600～800 倍液、50％氟吗·乙铝可湿性粉剂 600 倍液、722g/L 霜霉威水剂 72～108g。每亩用甲霜灵可湿性粉剂 100g 药剂喷淋茎基部或灌根，每隔 7～10d1 次，共交替施用 2～3 次。

3. 烟草花叶病毒病防治

（1）加强肥水管理，促进烟株早生快发。施足底肥，及时喷施微量元素肥，增施硫酸锌。

（2）田间操作注意卫生。掏苗前应用肥皂仔细清洁双手，田间操作应先健株后病株，以免病毒交叉感染。在掏苗或其他农事操作过程中发现病毒病应及时拔除病株，并带出田间销毁，更换健壮无病烟苗。

（3）移栽后 15d 以内，喷施 1 次免疫诱抗剂。可选用 6％寡糖·链蛋白 1 000 倍液、3％超敏蛋白微粒剂 3 000～5 000 倍液、0.5％香菇多糖水剂 300～500 倍液、2％氨基寡糖素水剂 1 000～1 200 倍液等。对发病田块也可选用 24％混酯·硫酸铜（毒消）1∶（600～800）倍、8％宁南霉素 1∶1 600 倍等病毒抑制剂喷雾防治。

（七）适时封顶、合理留叶

KRK26 品种为多叶型品种，为保证烟叶质量，不能采用现蕾打顶的方式打顶，必须根据留叶数打顶。当大田烟株长至 26 片叶时开始打顶，将顶芽连同附着的 2～3 片小叶一起打落。留 21～23 片有效叶片。

（八）成熟采收

KRK26 属于中晚熟品种，适熟鲜烟叶叶片明显落黄，即叶面颜色呈现出绿黄色至浅黄色，主脉变白至发亮，成熟好的上部叶叶片枯尖焦边较明显。但下部叶的这些特征不能明显显现，而且也不耐养。所以，下部叶一般落黄 6 成左右（绿黄色）及时采收，中上部叶则要求明显彰显成熟特征后适时采收。在采收和编竿过程中，没有烘烤价值或价值低的烟叶进行优化处理。编竿时先将烟叶按同部位、成熟度分类，再按类别编竿，做到编烟稍稀、均匀，成熟度一致；编竿后按烟叶类型分装入烤房，切记不可再次堆捂烟叶。装烟（密集烤房）：将成熟度较好的烟叶装在高温层，成熟稍差、变黄慢耐烤的烟叶装在低温层；按照顶层→中间层→底层顺序装烟，做到稀编密装，竿距均等，特别注意靠近烤房门处必需装严实，不留间隙。

（九）烘烤工艺

根据 KRK26 品种烟叶具有变黄慢（但通身变黄明显），失水速度慢，耐烤性较好等特点，而且在不同的生产条件与生态区域下差异也明显，烘烤时一定要把握好干球和湿球的搭配，以协调好变黄和失水的关系。推荐采用"低温保湿慢变黄、稳温降湿促凋萎、稳控湿度干叶筋"的烘烤技术路线。

1. 变黄阶段

此阶段干球温度 35～43℃，湿球温度 34～37℃，目标使低温层烟叶叶片基本变黄、支脉青白色、主脉变软，高温层叶片充分发软凋萎，烟叶叶尖开始干燥。烟叶入炉后，关闭门窗，点火后，用 6～8h 将烤房内温度升至 34～35℃（以 35℃ 为主），湿球温度调整在 33～34℃，保持 8～12h，高温层烟叶叶尖开始变黄。以 2h 升 1℃ 的速度将干球温度升至 38～39℃（下部叶 39℃，中上部叶 38℃ 较适宜），湿球温度 35～36℃，稳定此温湿度 24～48h，至高温层烟叶叶片基本变黄，支脉青白色，叶片发软，适当加大进风排湿量。再以 2h 升 1℃ 的速度将干球温度升至 42～43℃，调节湿球温度在 35.5～37℃，持续 12～18h，使低温层烟叶叶片基本全黄，主脉青白色，叶片充分发软、塌架，高温层烟叶叶尖开始干燥时开使加火升温，适当开进风门通风排湿，转入干叶（定色）阶段。如果达不到此烘烤目标，则稳定干球温度 43℃，降低湿球温度至 35.5～36℃，延长烘烤 8～12h。

2. 干叶（定色）阶段

此阶段干球温度 45～54℃，湿球温度 37～39℃，目标使全炉烟叶叶肉干燥。以 2h 升 1℃ 的速度将干球温度升至 45℃ 以上，达到 48～49℃ 时调节湿球温度至 37～38℃，稳定此温湿度 18～24h，使低温层烟叶叶片叶肉全黄，烟叶主脉退青变白、钩尖卷边、充分凋萎，逐渐开大进风和排湿量，高温层烟叶叶干 1/3 左右。再以平均 2h 升温 1～1.5℃ 的速度将干球温度升至 54～55℃，把握干湿球 38～39℃，保持 18～24h，全炉烟叶叶肉全干达到大卷筒（3/4 以上）即转入干筋阶段。此阶段要加大烧火、稳升温，避免温度猛升猛降，加大进风排湿量。

3. 干筋阶段

干球温度 62～68℃，湿球温度 40～41℃（不超过 42℃），目标全炉使烟叶主脉干燥。以平均每小时升温 1℃ 的速度将干球温度升至 62～63℃，湿球温度 38～39℃，稳定此温湿度 8～12h，使低温层烟叶叶肉全部干燥，高温层烟叶主脉干燥 1/2 以上。再以每小时升温 1℃ 的速度将干球温度升至 65～68℃（下部叶 65～66℃，中上部叶 67～68℃），逐渐减小进风排湿量，稳定湿球温度 40～41℃（不超过 42℃），烘烤 24～36h，直至烟叶主脉完全干燥停火。

注意：KRK26 在相对干旱或冬春季节生产烟区的烘烤，在变黄期和定色期建议使用下线湿球温度值，而夏烟种植区在变黄期、干叶定色期可根据烟叶的素质或变化情况，对湿球温度要做灵活调整。

参考文献
REFERENCES

蔡长春，柴利广，李满良，等，2011. 津巴布韦烤烟新品种 KRK26 的配套栽培技术研究
　　[J]. 中国烟草科学，32（增刊1）：50-56，75.

曹鹏云，鲁世军，张务水，2004. 植烟土壤有机质含量与有机肥施用概况 [J]. 中国烟草
　　学报，10（6）：40-42.

常乃杰，刘青丽，李志宏，等，2017. 典型清香型烟区生态因子与烤烟品质灰色关联度
　　[J]. 西南农业学报，30（8）：1754-1759.

常寿荣，罗华元，王玉，等，2009. 云南烤烟种植海拔与致香成分的相关性分析 [J]. 中
　　国烟草科学，30（3）：37-40.

陈朝阳，陈巧萍，高文霞，等，2006. 施氮量、有机肥配施比例对烤烟产质量影响的研究
　　[J]. 武夷科学（22）：141-154.

陈俊标，李淑玲，马柱文，等，2018. 烤烟新品种粤烟 208 的选育及特征特性 [J]. 中国
　　烟草科学，39（6）：1-6.

陈乾锦，池国胜，吴华建，等，2020. 采收成熟度对 K326 不同部位烟叶品质的影响 [J].
　　贵州农业科学，48（9）：43-46.

陈少鹏，汪代斌，郎定华，等，2011. 烘烤中烟叶生理生化变化及其影响因子研究进展
　　[J]. 作物研究，25（1）：81-83，88.

成军平，刘本坤，颜合洪，等，2011. K326 烟叶在密集式烤房条件下 121 烘烤工艺初探
　　[J]. 作物研究，25（5）：468-472.

程昌新，卢秀萍，许自成，等，2005. 基因型和生态因素对烟草香气物质含量的影响
　　[J]. 中国农学通报，21（11）：137-139.

程浩，孙福山，翟所亮，等，2009. 特色烤烟品种红花大金元烟叶质量的影响因素分析
　　[J]. 中国烟草科学，30（2）：21-25.

程恒，罗华元，杜文杰，等，2013. 云南不同生态因子对烤烟品种 K326 致香成分的影响
　　[J]. 中国烟草科学，34（3）：70-73.

程君奇，曹景林，李亚培，等，2016. 基于雷达图的湖北烤烟主要化学成分协调性综合评
　　价 [J]. 湖北农业科学，55（13）：3387-3389，3392.

戴冕，2000. 我国主产烟区若干气象因素与烟叶化学成分关系的研究 [J]. 中国烟草学报，

6 (1)：27 - 34.

戴勋，王毅，张家伟，2009. 不同留叶数对美引烤烟新品种 NC297 生长及质量的影响 [J]. 中国农学通报，25 (1)：101 - 103.

邓接楼，涂晓虹，王爱斌，2007. 生物有机肥在烟草上的应用研究 [J]. 安徽农业科学，35 (29)：9289 - 9290.

邓小华，曾中，谢鹏飞，等，2013. 密集烘烤关键温度点不同湿度控制烤烟主要化学成分的动态变化 [J]. 中国农学通报，29 (6)：213 - 216.

邓小华，周冀衡，李晓忠，等，2006. 湘南烟区烤烟常规化学指标的对比分析 [J]. 烟草科技 (9)：22 - 26.

邓小华，周冀衡，李晓忠，等，2007. 湖南烤烟化学成分特征及其相关性研究 [J]. 湖南农业大学学报：自然科学版，38 (1)：18 - 22.

董高峰，张强，向明，等，2010. 楚雄烤烟主要化学成分的因子分析和综合评价 [J]. 云南大学学报（自然科学版），32 (S1)：81 - 86.

逢涛，宋春满，张谊寒，等，2010. 云南与津巴布韦烤烟品种烟叶化学成分和致香成分差异分析 [J]. 甘肃农业大学学报 (1)：62 - 71.

甘小平，刘炎红，薛宝燕，等，2014. 不同移栽期烤烟化学成分与香味成分的相关性和主成分分析 [J]. 安徽农业大学学报，41 (2)：317 - 324.

高贵，田野，邵忠顺，等，2005. 留叶数和留叶方式对上部叶烟碱含量的影响 [J]. 耕作与栽培 (5)：26 - 27.

高林，王新伟，申国明，等，2019. 不同连作年限植烟土壤细菌和真菌群落结构差异 [J]. 中国农业科技导报，21 (8)：147 - 152.

宫长荣，2003. 烟草调制学 [M]. 北京：中国农业出版社.

宫长荣，李艳梅，李常军，2000. 烘烤过程中烟叶脂氧合酶活性与膜脂过氧化的关系 [J]. 中国烟草学报，6 (1)：39 - 41.

宫长荣，孙福山，刘奕平，等，1999. 烘烤环境条件对烟叶内在品质的影响 [J]. 中国烟草科学 (2)：8 - 9.

宫长荣，王爱华，王松峰，2005. 烟叶烘烤过程中多酚类物质的变化及与化学成分的相关分析 [J]. 中国农业科学，38 (11)：2316 - 2320.

宫长荣，袁红涛，陈江华，2002. 烤烟烘烤过程中烟叶淀粉酶活性变化及色素降解规律的研究 [J]. 中国烟草学报，8 (2)：16 - 20.

顾明华，周晓，韦建玉，等，2009. 有机无机肥配施对烤烟脂类代谢的影响研究 [J]. 生态环境学报，18 (2)：674 - 678.

顾少龙，张国显，史宏志，等，2011. 不同基因型烤烟化学成分与中性致香物质含量的差异性研究 [J]. 河南农业大学学报，45 (2)：160 - 165.

国家烟草专卖局，1998. YC/T 138—1998 烟草及烟草制品感官评价方法 [S]. 北京：中国标准出版社.

国家烟草专卖局, 1998. 烟草农艺性状调查方法 [S]. 北京：中国标准出版社.

国家烟草专卖局, 2018. YQ-YS/T1—2018 烤烟新品种工业评价方法 [S]. 北京：中国标准出版社.

过伟民, 尹启生, 宋纪真, 等, 2009. 烤烟质体色素含量的品种间差异及其与感官质量的关系 [J]. 烟草科技 (8)：50-55.

韩富根, 彭丽丽, 马永健, 等, 2010. 不同采收成熟度对烤烟香气质量的影响 [J]. 土壤, 42 (1)：65-70.

韩富根, 王校辉, 张凤侠, 等, 2009. 不同成熟度对延边烤烟主要化学成分和香气质量的影响 [J]. 河南农业大学学报, 43 (1)：30-34.

韩富根, 赵铭钦, 朱耀东, 等, 1993. 烟草中多酚氧化酶的酶学特性研究 [J]. 烟草科技 (6)：33-36.

韩锦峰, 刘维群, 杨素勤, 等, 1993. 海拔高度对烤烟香气物质的影响 [J]. 中国烟草科学 (3)：1-3.

韩晓飞, 谢德体, 高明, 等, 2013. 膜下移栽对烤烟生长发育及品质的影响 [J]. 农机化研究 (7)：164-169.

何念杰, 唐祥宁, 游春平, 1995. 烟稻轮作与烟草病害关系的研究 [J]. 江西农业大学学报 (3)：294-298.

侯跃亮, 李现道, 杨举田, 等, 2018. 山东省不同基因型烤烟新品种生态适应性研究 [J]. 山东农业科学, 50 (11)：58-65.

胡国松, 袁志永, 傅瑜, 等, 1998. 石灰性褐土施用硼锌锰肥对烤烟生长发育及品质的影响 [J]. 河南农业大学学报, 32 (S1)：70-75.

胡国松, 郑伟, 王震东, 等, 2000. 烤烟营养原理 [M]. 北京：科学出版社.

胡新喜, 刘明月, 何长征, 等, 2013. 覆膜方式对湖南冬种马铃薯生长与产量的影响 [J]. 湖南农业大学学报 (自然科学版), 39 (5)：500-504.

胡有持, 牟定荣, 王晓辉, 等, 2004. 云南烤烟复烤片烟自然陈化时间与质量关系的研究 [J]. 中国烟草学报 (4)：1-7.

胡征, 2004. 生物有机复合肥改良烟草品质的效果 [J]. 中国农学通报, 20 (3)：157-158.

黄国友, 刁朝强, 陈雪, 等, 2008. 我国部分替代进口烟叶种植区域可行性分析 [J]. 中国烟草科学, 29 (4)：25-29.

黄一兰, 王瑞强, 王雪仁, 等, 2004. 打顶时间与留叶数对烤烟生产质量及内在化学成分的影响 [J]. 中国烟草科学, 25 (4)：18-22.

霍开玲, 江凯, 贺帆, 等, 2010. 鲜烟叶烘烤特性影响因素研究进展 [J]. 湖北农业科学, 49 (5)：1125-1128.

贾保顺, 王念磊, 符云鹏, 等, 2017. 氮素对不同烤烟品种化学品质及中性致香物质的影响［J］. 山东农业科学，49（3）：83-88.

简辉，杨学良，王保兴，等，2006. 复烤温度对烟叶化学成分及感官质量的影响［J］. 烟草科技（12）：12-15，19.

江厚龙，刘国顺，周辉，等，2012. 变黄时间和定色时间对烤烟烟叶化学成分的影响［J］. 烟草科技（12）：33-38.

江厚龙，王瑞，2015. 海拔和品种对烤烟致香物质含量及香型风格的影响［J］. 西南农业学报，28（2）：880-886.

蒋佳磊，陆扬，苏燕，等，2017. 我国主要烟叶产区烤烟化学成分特征与可用性评价［J］. 中国烟草学报，23（2）：13-27.

金萍，杨义三，杨绍富，2007. 有机肥前移施用对烤烟品质和产值的影响［J］. 云南农业科技（6）：31-33.

金文华，张保占，郑留付，等，2003. 烟麦套种模式的调查与分析［J］. 河南农业科学（3）：7-9.

孔银亮，2011. 膜下小苗移栽对预防病毒病、烟草生长发育及经济性状的影响［J］. 烟草科技（9）：75-80.

孔银亮，韩富根，沈铮，等，2011. 小苗膜下移栽对烤烟硝酸还原酶、转化酶活性及致香物质的影响［J］. 中国烟草科学（6）：47-52.

赖平，温昌恭，2018. 生态环境与烤烟质量风格形成的关系分析［J］. 现代农业科技（4）：51-52.

李爱军，代惠娟，娄本，等，2008. 烟草类胡萝卜素研究进展［J］. 安徽农业科学，36（6）：2364-2366.

李春俭，张福锁，2006. 烤烟养分资源综合管理理论与实践［M］. 北京：中国农业大学出版社.

李迪，张琳，左学林，等，1999. 烤烟小苗膜下移栽的配套技术及应用效果［J］. 河南农业科技（10）：37-38.

李国栋，胡建军，周冀衡，等，2008. 基于主成分和聚类分析的烤烟化学品质综合评价［J］. 烟草科技（12）：5-9，13.

李海平，朱列书，黄魏魏，等，2008. 种植密度对烟田环境、烤烟农艺性状及产量质量的影响研究进展［J］. 作物研究，22（5）：489-490.

李合生，2000. 植物生理生化实验原理和技术［M］. 北京：高等教育出版社.

李合生，2006. 现代植物生理学［M］. 2版. 北京：高等教育出版社.

李鸣雷，谷洁，高华，等，2008. 生物有机肥和有机无机复混肥的研制及应用［J］. 中国土壤与肥料（1）：56-59.

李强，王伟，王亚辉，2008. 津巴布韦烤烟品种比较试验［J］. 中国农学通报，24（2）：177-179.

李天福，王树会，王彪，等，2005. 云南烟叶香吃味与海拔和经纬度的关系 [J]. 中国烟草科学，26（3）：22-24.

李天金，2000. 烤烟主要灾害性病害及其防治措施 [J]. 植物保护与推广，20（2）：22-23.

李小勇，2011. 种植密度对春玉米超试 1 号产量及源库特性的影响 [J]. 湖南农业大学学报：自然科学版，37（4）：361-366.

李晓婷，张静，保华，等，2018. 云南 3 个主栽烤烟品种的化学成分含量和区域特征分析 [J]. 云南大学学报（自然科学版），40（5）：995-1005.

李雪震，张希杰，李念胜，等，1988. 烤烟烟叶色素与烟叶品质的关系 [J]. 中国烟草（2）：23-27.

李亚培，饶勇，曹景林，等，2015. 环境条件对烤烟新品系经济性状及品质的影响 [J]. 浙江农业科学，56（12）：1927-1933.

李枝桦，罗华元，张梅，等，2016. 烟区生态气候类型区划 [J]. 分子植物育种，14（1）：259-264.

李枝武，闫辉，2011. 有机肥不同施用比例对烤烟外观及产质量的影响研究 [J]. 云南农业科技（5）：19-20.

厉福强，2004. 津巴布韦烤烟生产综述 [J]. 耕作与栽培（6）：7-10.

廖和明，孙福山，徐秀红，等，2013. 不同烘烤工艺对烤烟品种 NC55 中性香气物质各组分含量的影响 [J]. 中国烟草科学，34（5）：89-94.

廖惠云，甘学文，陈晶波，等，2006. 不同产地烤烟复烤烟叶 C3F 致香物质与其感官质量的关系 [J]. 烟草科技（7）：46-50.

林福群，张云鹤，1996. 凤阳县烤烟生产现状与烟稻连作栽培技术 [J]. 安徽农业技术师范学院学报，10（3）：34-36.

林桂华，杨斌，上官克攀，等，2003. 施用有机肥对龙岩特色烟叶香气质量的影响 [J]. 中国烟草科学（3）：9-10.

刘江，黄成江，李天福，等，2008. 有机肥与施氮量对烤烟生长发育的影响 [J]. 作物研究，22（3）：178-180.

刘广玉，杨举田，田雷，等，2012. 小苗膜下移栽对烤烟生长及土壤水温效应的影响 [J]. 中国烟草科学（33）：27-32.

刘国顺，2003. 烟草栽培学 [M]. 北京：中国农业出版社.

刘国顺，罗贞宝，王岩，等，2006. 绿肥翻压对烟田土壤理化性状及土壤微生物量的影响 [J]. 水土保持学报，20（1）：95-98.

刘泓，熊德中，许茜，2006. 氮肥用量与留叶数对烤烟氮吸收及烟碱含量的影响研究 [J]. 中国生态农业学报，14（2）：85-87.

刘琳琳，2014. 灰色多层次综合评判与系统聚类法在烤烟品质区划中的应用研究 [J]. 湖南农业科学（7）：77-80.

刘齐元，张德远，肖金香，等，2001. 不同生态条件下烤烟的适宜品种与施肥量研究 [J]. 江西农业大学学报（4）：458-462.

刘腾江，张荣春，杨乘，等，2015. 不同变黄期时间对上部烟叶可用性的影响 [J]. 西南农业学报，28（1）：73-78.

刘文涛，魏代福，2011. 不同揭膜培土时间对烤烟小苗膜下移栽生长及产质量的影响 [J]. 现代农业科技（21）：74-77.

刘宇，颜合洪，2006. 烟草致香物质的研究进展 [J]. 作物研究，20（5）：470-474.

卢秀萍，许美玲，1999.10 个引进烤烟品种的灰色关联度分析 [J]. 热带农业科学（1）：36-43.

吕乔，陈长清，刘晓晖，等，2009. 云南烤烟与津巴布韦烤烟的质量差异分析 [J]. 河南农业科学，（7）：54-57.

罗定棋，魏硕，胡战军，等，2015. 不同控水方法对多雨条件下烤烟下部叶烘烤效果的影响 [J]. 河南农业科学，44（10）：156-159.

罗华元，杨应明，徐兴阳，等，2009. 津巴布韦烤烟品种引种比较试验初报 [J]. 昆明学院学报，31（3）：28-30.

马剑雄，徐兴阳，罗华元，等，2009. 不同品种烤烟对种植海拔的敏感性 [J]. 烟草科技（3）：53-55，61.

马文广，周义和，刘相甫，等，2018. 我国烤烟品种的发展现状及对策展望 [J]. 中国烟草学报，24（1）：116-122.

马云明，王伟宁，王冰莹，等，2011. 云南烤烟主要化学成分因子分析与综合评价 [J]. 安徽农业科学，39（29）：18247-18249.

孟智勇，杨应明，高相彬，等，2017. 不同密集烘烤工艺对浓香型烤烟品质的影响 [J]. 河南农业科学，46（2）：136-142.

穆彪，杨健松，李明海，等，2003. 黔北大娄山区海拔高度与烤烟烟叶香吃味的关系研究 [J]. 中国生态农业学报，11（4）：148-151.

聂庆凯，于锦香，贾辉，等，2018. 不同烤烟品种在周口烟区的适应性评价 [J]. 烟草科技，51（6）：25-33.

聂荣邦，唐建文，2002. 烟叶烘烤特性研究 [J]. 湖南农业大学学报（自然科学版），28（4）：290-293.

聂鑫，李枝桦，罗华元，等，2016. 红云红河集团原料基地烤烟主要化学成分因子分析与综合评价 [J]. 安徽农业科学，44（6）：100-103.

潘和平，杨天沛，王定斌，2010. 烤烟不同打顶时期留叶数对产质量的影响 [J]. 安徽农业科学，38（11）：5588-5589，5599.

潘玲，云月利，孙光伟，等，2016. 湖北烤烟中性香气成分的主成分分析和聚类分析

[J]. 湖北大学学报（自然科学版），38（2）：127-134.

彭艳，周冀衡，杨虹琦，等，2008. 烟草专用肥与不同有机肥配施对烤烟生长及主要化学
成分的影响 [J]. 湖南农业大学学报（自然科学版），24（2）：159-163.

彭华伟，刘国顺，吴学巧，等，2008. 生物有机肥对烤烟氮磷钾积累、吸收和含量的影
响 [J]. 中国烟草科学，29（1）：25-29.

彭云，赵正雄，李忠环，等，2010. 不同前茬对烤烟生长、产量和质量的影响 [J]. 作物
学报，36（2）：335-340.

邱标仁，林桂华，沈焕梅，等，2000. 提高龙岩烟区上部叶可用性的途径 [J]. 中国烟草
科学（2）：16-18.

邱妙文，王军，毕庆文，等，2009. 有机肥对紫色土田烤烟产量与品质的影响 [J]. 烟草
科技（2）：53-56.

屈生彬，杨世波，李光西，等，2003. 密度与施肥对香料烟成熟烟叶中几种酶活性及脯氨
酸、丙二醛的影响初探 [J]. 中国烟草科学，34（1）：18-22.

上官克攀，杨虹琦，罗桂森，等，2003. 种植密度对烤烟生长和烟碱含量的影响 [J]. 烟
草科技（8）：42-45.

邵岩，方敦煌，邓建华，等，2007. 云南与津巴布韦烤烟致香物质含量差异研究 [J]. 中
国农学通报，23（8）：70-74.

申宴斌，刘彦中，马剑雄，等，2009. 不同留叶数对烤烟新品种 NC297 生长及产质量的
影响 [J]. 中国烟草科学，30（6）：57-60，64.

沈杰，蔡艳，何玉亭，等，2016. 种植密度对烤烟养分吸收及品质形成的影响 [J]. 西北
农林科技大学学报（自然科学版），44（10）：51-58.

石先玉，戴毅，林小淇，等，2019. 烘烤方式对云烟 85 烘烤过程中淀粉酶活性及淀粉含
量的影响 [J]. 山地农业生物学报，38（3）：63-66.

史宏志，邸慧慧，赵晓丹，等，2009. 豫中烤烟烟碱和总氮含量与中性香气成分含量的关
系 [J]. 作物学报，35（7）：1299-1305.

史宏志，刘国顺，1998. 烟草香味学 [M]. 北京：中国农业出版社.

史宏志，王德宝，杨兴有，等，2011. 氮肥用量和基追肥比例对白肋烟化学成分和香气物
质含量的影响 [J]. 烟草科技（6）：60-66.

舒俊生，王浩军，杜丛中，等，2012. 烤烟烟叶质量综合评价方法研究 [J]. 安徽农业大
学学报，39（6）：1018-1023.

宋洋洋，张小全，杨铁钊，等，2014. 烟叶采收成熟度对烘烤过程中酶促棕色化反应相关
指标的影响 [J]. 西北植物学报，34（12）：2459-2466.

苏家恩，魏硕，徐发华，等，2016. 不同烤烟品种变黄期变黄与失水协调程度的分析
[J]. 湖北农业科学，55（19），：5148-5150.

谭仲夏，2006. 应用灰色关联对不同品种烟叶内在质量的分析 [J]. 中国农学通报，22

（8）：111-113.

唐春平，2009. 如何提高打叶复烤加工工艺水平 [J]. 湖南烟草（S1 期）：298-301.

唐经祥，孙敬权，任四海，等，2001. 烤烟不同品种烘烤特性的研究初报 [J]. 安徽农业科学，29（2）：250-252，267.

唐莉娜，陈顺辉，2008. 不同种类有机肥与化肥配施对烤烟生长和品质的影响 [J]. 中国农学通报，24（11）：258-262.

唐莉娜，熊德中，2000. 有机肥与化肥配合施用对烤烟生长发育的影响 [J]. 烟草科技（10）：32-35.

唐启义，2010. DPS 数据处理系统 [M]. 北京：科学出版社.

唐世凯，刘丽芳，李永梅，2009. 烤烟套种红薯对烟叶质量和经济效益的影响 [J]. 西南农业学报，22（5）：1267-1270.

藤田茂隆，田岛智之，1984. 烤烟易烤性的遗传及香吃味 [J]. 中国烟草（3）：45-49.

汪健，王松峰，毕庆文，等，2009. 磷钾用量对烤烟红花大金元产质量的影响 [J]. 中国烟草科学，30（5）：19-23.

汪耀富，宫长荣，赵铭钦，等，1995. 烤烟烘烤过程中叶片膜脂过氧化特性的研究 [J]. 河南农业大学学报，29（3）：247-250.

王岩，刘国顺，2006. 不同种类有机肥对烤烟生长发育及其品质的影响 [J]. 河南农业科学（2）：81-84.

王毅，瞿兴，杨跃，等，2006. 菜籽饼肥与化肥配合施用对烤烟生长及土壤养分的影响 [J]. 华中农业大学学报，25（1）：50-54.

王爱华，王松峰，韩志忠，等，2013. 烤烟新品种中烟 203 密集烘烤过程中的生理生化特性研究 [J]. 中国烟草科学，34（2）：74-80.

王传义，2008. 不同烤烟品种烘烤特性研究 [D]. 北京：中国农业科学院.

王传义，张忠锋，徐秀红，等，2009. 烟叶烘烤特性研究进展 [J]. 中国烟草科学，30（1）：38-41.

王筠，1997. 胡萝卜色素及其应用 [J]. 安徽化工（1）：27-29.

王林，刘志宏，许自成，2019. 烤烟烟叶酸性致香物质与多酚含量、化学成分及口感特性的关系研究 [J]. 中国农业科技导报，21（5）：159-169.

王瑞新，2003. 烟草化学 [M]. 北京：中国农业出版社.

王瑞新，韩富根，杨素琴，等，2006. 烟草化学品质分析法 [M]. 郑州：河南科技出版社.

王松峰，王爱华，王金亮，等，2012. 密集烘烤定色期升温速度对烤烟生理生化特性及品质的影响 [J]. 中国烟草科学，33（6）：48-53.

王伟宁，于建军，张腾，等，2013. 定色期不同升温速率对烤烟品种红花大金元烟叶品质及产值的影响 [J]. 江苏农业科学，41（2）：242-244.

王希周，周国柱，1992. 豫西丘陵山地两项烤烟旱作技术 [J]. 烟草科技（1）：41-42.

王育军，周冀衡，张一扬，等，2015. 海拔对烤烟品种 NC102 和 NC297 物理特性和化学成分的影响 [J]. 中国烟草科学，36（1）：42-47.

王正刚，孙敬权，唐经祥，等，1999. 充分发育烟叶失水特性及烘烤失水调控初报 [J]. 中国烟草科学，20（2）：1-4.

望运喜，刘兰明，秦铁伟，等，2010. 不同栽培措施对烤烟生长、产值和烟碱含量的影响 [J]. 安徽农业科学，38（11）：5595-5597.

魏春阳，王信民，蔡宪杰，2009. 基于雷达图的烤烟烟叶主要化学成分协调性综合评价方法 [J]. 中国烟草学报，15（5）：48-53.

吴帼英，黄静勋，王宝华，等，1983. 烤烟留叶数与产量、品质相关关系的初步研究 [J]. 中国烟草（3）：1-6，12.

武圣江，詹军，莫静静，等，2019. 不同烤烟品种（系）烘烤特性研究 [J]. 云南农业大学学报（自然科学报），34（5）：793-801.

武雪萍，钟秀明，秦艳青，2006. 芝麻饼肥与化肥不同比例配施对烟叶香气质量的影响 [J]. 作物学报（10）：1554-1559.

武雪萍，钟秀明，秦艳青，等，2006. 不同种类饼肥与化肥配施对烟叶香气质量的影响 [J]. 中国农业科学，39（6）：1196-1201.

夏振远，李云华，杨树军，2002. 微生物菌肥对烤烟生产效应的研究 [J]. 中国烟草科学，23（3）：28-30.

向东山，翟琨，2006. 不同栽培方式对烤烟主要含氮化合物的影响 [J]. 河南农业科学（6）：47-48.

肖兴强，邝中山，文志强，等，2009. 自控化 GK-5 型气流下降式烤房烘烤烟叶效果试验初报 [J]. 广东农业科学（1）：24-25，38.

谢育平，张德远，何宽信，等，2006. 赣北地区烤烟适宜施氮量的研究 [J]. 河北农业大学学报，29（2）：4-8.

修启贵，陈文俊，文俊，等，2009. 有机肥配施对烟叶产量和品质的影响 [J]. 湖南农业科学（7）：48-50，54.

徐健钦，徐智，宋建群，等，2013. 不同有机肥对烤烟生长发育、产质量及青枯病的影响 [J]. 云南农业大学学报，28（1）：118-123.

徐兴阳，罗华元，林兴红，等，2011. 云南烟区推广种植 NC102 与 NC297 品种的良区良法配套方案探索 [J]. 昆明学院学报，33（6）：23-26.

徐兴阳，杨焕文，罗华元，等，2009. 云南高原引种津巴布韦烤烟资源的评价 [J]. 昆明学院学报，31（6）：38-40，45.

徐增汉，王能如，李章海，等，2005. 论烟叶烘烤工艺的灵活应用 [J]. 安徽农业科学，33（8）：1446-1448.

薛超群，蔡宪杰，宋纪真，等，2018. 基于主成分分析和聚类分析的烤烟烟叶外观特征区

域归类 [J]. 烟草科技，51 (6)：34-41.

薛超群，尹启生，王信民，等，2006. 烤烟烟叶香气质量与其常规化学成分的相关性
[J]. 烟草科技 (9)：27-30.

颜克亮，武怡，曾晓鹰，等，2011. "三段式"分切烟叶醇化品质差异性比较与分析 [J].
中国烟草科学，32 (4)：23-27.

杨虹琦，周冀衡，罗泽民，等，2004. 不同产区烤烟中质体色素及降解产物的研究 [J].
西南农业学报，26 (5)：640-644.

杨虹琦，周冀衡，杨述元，等，2005. 不同产区烤烟中主要潜香型物质对评吸质量的影响
研究 [J]. 湖南农业大学学报（自然科学版），31 (1)：11-14.

杨洪雄，徐兴阳，罗华元，等，2011. 云南烟区推广种植 NC102 与 NC297 品种的良区良
法配套方案探索 [J]. 昆明学院学报，33 (6)：23-26.

杨举田，2008. 烤烟小苗膜下移栽技术研究与应用 [D]. 北京：中国农业科学院.

杨军章，2006. 烤烟新品种的适应性、需肥特性及烘烤配套技术研究 [D]. 杭州：浙江大
学.

杨军章，钱文友，黄铧，等，2012. 施氮量对烤烟云烟 97 和云烟 99 生长及产量的影响
[J]. 浙江农业科学 (11)：1492-1494.

杨立均，宫长荣，马京民，等，2002. 烘烤过程中烟叶色素的降解及与化学成分的相关分
析 [J]. 中国烟草科学 (2)：5-7.

杨隆飞，占朝琳，郑聪，等，2011. 施氮量与种植密度互作对烤烟生长发育的影响 [J].
江西农业学报，23 (6)：46-48，53.

杨伟祖，谢刚，王保兴，等，2006. 烟草中 β-胡萝卜素的热裂解产物的研究 [J]. 色谱，
24 (6)：611-614.

杨晓亮，张豹林，张铭真，等，2015. 不同烘烤工艺对 5 个烤烟品种感官质量的影响研究
[J]. 江西农业学报，27 (4)：53-56，61.

杨欣，曾静，敖金成，等，2019. 云南新烟区烟叶品质动态研究 [J]. 江西农业学报，31
(2)：57-61.

杨勇，2011. 不同种植密度和施肥水平对油菜养分吸收和产量的影响 [J]. 湖南农业大学
学报：自然科学版，37 (6)：586-591.

杨宇虹，晋艳，杨丽萍，等，2007. 有机肥的不同配置对烤烟生长的影响 [J]. 中国农学
通报，23 (2)：290-293.

姚恒，王亚辉，曾建敏，2011. 云南与津巴布韦烟叶烘烤理化特性的比较 [J]. 安徽农业
科学，39 (23)：14353-14356.

姚健，李洪亮，孙晓伟，等，2019. 许昌烟区浓香型特色烤烟品种筛选与评价 [J]. 浙江
农业科学，60 (4)：573-576.

叶协锋，魏跃伟，杨宇熙，等，2009. 基于主成分分析和聚类分析的烤烟质量评价模型构

建 [J]. 农业系统科学与综合研究, 25 (3): 268-271.

于建军, 庞天河, 任晓红, 等, 2006. 烤烟中性致香物质与评吸结果关系研究 [J]. 河南农业大学学报, 40 (4): 346-349.

云南省烟草农业科学研究院, 2012. 津巴布韦烟叶生产纪实 [M]. 北京: 科学出版社.

曾建敏, 吴兴富, 李梅云, 等, 2016. 烤烟品种 NC196 抗性分子检测及特征特性分析 [J]. 分子植物育种, 14 (10): 2829-2836.

曾建敏, 吴兴富, 肖炳光, 等, 2011. 津巴布韦引进烤烟品种 T29 的栽培特性研究 [J]. 中国烟草学报, 17 (4): 43-46.

曾祥难, 2013. 不同成熟采收对烤烟香气物质及前体物的影响 [J]. 天津农业科学, 19 (12): 59-62.

张长云, 石俊雄, 张恒, 等, 2015. 贵州山地醇甜香烟叶对品牌卷烟风格品质的影响 [J]. 中国烟草科学, 36 (2): 14-19.

张国超, 孙福山, 王松峰, 等, 2013. 引进烤烟品种 KRK26 烘烤特性研究 [J]. 中国烟草科学, 34 (3): 74-78, 88.

张建国, 聂俊华, 杜振宇, 2004. 复合生物有机肥对烤烟生长、产量及品质的影响 [J]. 山东农业科学 (2): 44-46.

张峻松, 徐玉琼, 张常记, 等, 2008. 超高压条件下烟叶含水率对香味成分的影响 [J]. 中国烟草学报, 14 (6): 24-29.

张树堂, 崔国民, 杨金辉, 1997. 不同烤烟烘烤特性研究 [J]. 中国烟草科学, 18 (4): 37-41.

张喜峰, 刘伟, 李东阳, 等, 2020. 陇县烟区中烟 202 品种上部烟叶烘烤工艺优化研究 [J]. 安徽农业科学, 48 (16): 178-180.

张新要, 袁仕豪, 易建华, 等, 2006. 有机肥对土壤和烤烟生长及品质影响研究进展 [J]. 耕作与栽培 (3): 20-21.

张燕, 李天飞, 宗会, 等, 2003. 不同产地香料烟内在化学成分及致香物质分析 [J]. 中国烟草科学, 24 (4): 12-16.

张杨, 裴军, 王方峰, 等, 2007. 不同施肥水平对中烟 100 产质量的影响 [J]. 中国烟草科学, 28 (6): 33-35, 38.

张喆, 2016. 云南烟草根结线虫的种类鉴定 [D]. 广州: 仲恺农业工程学院.

张真美, 赵铭钦, 王一丁, 等, 2016. 不同变黄条件对烤烟上部叶中性致香成分和感官质量的影响 [J]. 山东农业科学, 48 (12): 57-63.

招启柏, 王广志, 王宏武, 等, 2006. 烤烟烟碱含量与其他化学成分的相关关系及其阈值的研究 [J]. 中国烟草学报, 12 (2): 25-26.

赵华武, 贺帆, 李祖良, 等, 2012. 基于主成分分析法的烤烟香气品质评价模型构建 [J]. 西北农业学报, 21 (2): 88-93.

赵辉，赵铭钦，程玉渊，等，2010. 不同密度和留叶数对烤烟质体色素及其降解产物的影响 [J]. 江苏农业学报，26 (1)：46-50.

赵铭钦，刘金霞，黄永成，等，2007. 烟草质体色素与烟叶品质的关系综述 [J]. 中国农学通报，23 (7)：135-138.

赵铭钦，卢叶，刘云，等，2009. 种植密度与留叶数对打顶后烤烟几种酶活性和 MDA 含量的影响 [J]. 中国烟草学报，15 (3)：49-53，62.

赵铭钦，苏长涛，姬小明，等，2008. 不同成熟度对烤后烟叶物理性状、化学成分和中性香气成分的影响 [J]. 华北农学报 (3)：146-150.

赵铭钦，于建春，程玉渊，等，2005. 烤烟烟叶成熟度与香气质量的关系 [J]. 中国农业大学学报，10 (3)：10-14.

赵铭钦，于建军，程玉渊，等，2013. 烤烟营养成熟度与香气质量的关系 [J]. 中国农业大学学报，19 (12)：59-62.

赵瑞蕊，何结望，王海明，等，2012. 基于主成分和聚类分析的湖北烤烟物理质量指标综合评价 [J]. 中国烟草科学，33 (4)：90-94.

赵世杰，刘华山，董新纯，1990. 植物生理学实验指导 [M]. 北京：中国科学技术出版社.

赵文军，薛开政，杨继周，等，2015. 玉溪烟区 K326 上部烟叶烘烤工艺优化研究 [J]. 湖南农业科学 (7)：67-69，73.

郑志云，邓小华，赵高坤，2013. 鲜叶成熟度对烤烟 K326 上部叶产质量的影响 [J]. 湖南农业科学 (18)：23-25.

中国农业科学院烟草研究所，2011. 一种烤烟烘烤特性判定方法：CN201110065170.4 [P]. 2011-09-07.

周晓，朱旭，阚宏伟，等，2009. 配施不同比例有机肥对烤烟光合作用及产质量的影响 [J]. 广西农业科学，40 (5)：517-520.

周冀衡，杨虹琦，林桂华，等，2004. 我国不同烤烟产区烟叶中主要挥发性香气物质的研究 [J]. 湖南农业大学学报（自然科学版）(1)：20-23.

周健飞，陈秀华，彭玉富，等，2018. 氮肥施用量对南阳烟区 3 个烤烟新品种产质量的影响 [J]. 贵州农业科学，46 (3)：44-49.

周黎，潘元宏，付亚丽，等，2015. 不同苗龄膜下移栽对烤烟生长发育及品质的影响 [J]. 西南农业学报，28 (4)：1612-1616.

周柳强，黄美福，周兴华，等，2010. 不同氮肥用量对烤烟生长、养分吸收及产质量的影响 [J]. 西南农业学报，23 (4)：1166-1172.

周淑平，肖强，陈叶君，等，2004. 不同生态地区初烤烟叶中重要致香物质的分析 [J]. 中国烟草学报，10 (1)：9-16.

周亚哲，杨梦慧，王芳，等，2016. 嘉禾烟区'云烟 99'适宜施氮量与种植密度初探

[J]. 作物研究，30（6）：714-718.

朱广廉，钟文海，张爱琴，1991. 植物生理学实验 [M]. 北京：北京大学出版社.

朱伟，胡建华，张华喜，等，2020.222 烘烤工艺对 K326 中上部叶烤后品质的影响 [J].
贵州农业科学，48（2）：103-106.

朱尊权，1994. 论当前我国优质烤烟生产技术导向 [J]. 烟草科技（1）：2-4.

訾莹莹，韩志忠，孙福山，等，2011. 烤烟烘烤过程中品种间的生理生化反应差异研究
[J]. 中国烟草科学，32（1）：61-65.

邹凯，肖钦之，2017. 邵阳烟区气象因素与烤烟化学因子相关性分析 [J]. 湖南农业科学
（9）：24-27.

邹琦，1995. 植物生理生化实验指导 [M]. 北京：中国农业出版社.

邹琦，2000. 植物生理学实验指导 [M]. 北京：中国农业出版社.

祖朝龙，解莹莹，刘碧荣，等，2010. 海拔对盐源烤烟主要化学成分及中性致香物质含量
的影响 [J]. 安徽农业科学，38（35）：20031-30034.

左天觉，1993. 烟草的生产、生理和生物化学 [M]. 上海：上海远东出版社.

CAI J B，LIU B Z，L1NG P，et al.，2002. Analysis of free and bound volatiles by gas
chromatography and gas chromatography - mass spectrometry in uneased and cased tobac-
cos [J]. Journal of Chromatography A，947（2）：267-275.

CHEN Z B，GAO X，LIN L，et al.，2018. Study on the microbial diversity of rhizosphere
soil of healthy tobacco plants and plants infected by root - knot nematode [C] //Institute
of Management Science and Industrial Engineering. Proceedings of 2018 7th International
Conference on Medical Engineering and Biotechnology（MEDEB 2018）. Canada：Clau-
sius Scientific Press：25-32.

COURT W A，HENDEL J G，1984. Changes in leaf pigments during senescence of flue -
cured tobacco [J]. Can. J. Plant Sci.，64：229-232.

ENZELL C R，1980. Leaf composition in relation to smoking quality and aroma [J].
Rec. Avd. inTob. Sci.（6）：64-122.

ENZELL C R，Wahlberg I，1990. Tobacco isoprenoids - precursors of important aroma con-
stituents [J]. Pure&Appl. Chem，62（7）：1353-1356.

MARCHAND M，ETOURNEAUD F，BOURIE B，1997. 不同钾肥品种对烟草产量与化
学成分的影响研究 [J]. 中国烟草科学（2）：6-11.

MARCHETTI R，CASTELLI F，CONTILLO R，2006. Nitrogen Requirements for Flue -
Cured Tobacco [J]. Agronomy Journal，98（3）：666-674.

MOSELEY J M，WOLTS W G，CARR J M，et al.，1963. The relationship of maturity of
the leaf at harvest and certain properties of the cured leaf of flue - cured tobacco [J]. Tob
Sci，7：67-75.

ROBERTS D L, RODE W A, 1972. Isolation and identification of flavor components of burley tobacco [J]. Tob. Sci, 16: 107 - 112.

TROJE Z S, FROBE Z, PEROVIC D, et al., 1997. Analysis of selected alkaloids and sugars in tobacco extract [J]. Journal of Chromatography A, 775 (1/2): 101 - 107.

WEEK W W, 1985. Chemistry of tobacco constituents influencing flavor and aroma [J]. Rec. Adv. Tob. Sci, 11: 175 - 200.

WEYBREW J A, WOLTS W G, MONROE R J, 1984. Harvesting and curing flue - cured tobacco: The effects of ripeness at harvest and duration of yellowing on yield, physical characteristics, chemical composition, and smokerpreference [M]. Raleigh, NC: NC State University.

图书在版编目（CIP）数据

NC102、NC297、NC71、NC196、KRK26 烤烟品种特性及
配套生产技术 / 周绍松等主编. —北京：中国农业出
版社，2023.10
　　ISBN 978-7-109-30780-3

　　Ⅰ.①N… Ⅱ.①周… Ⅲ.①烟叶—品种②烟草—栽
培技术 Ⅳ.①TS424②S572

中国国家版本馆 CIP 数据核字（2023）第 101933 号

中国农业出版社出版

地址：北京市朝阳区麦子店街 18 号楼
邮编：100125
责任编辑：司雪飞　　文字编辑：常　静
版式设计：王　晨　　责任校对：吴丽婷
印刷：北京中兴印刷有限公司
版次：2023 年 10 月第 1 版
印次：2023 年 10 月北京第 1 次印刷
发行：新华书店北京发行所
开本：700mm×1000mm　1/16
印张：13
字数：206 千字
定价：58.00 元